Hubertus Kuhnt

Meetings produktiv gestalten

So nutzen Sie Ihre Zeit und Ressourcen optimal

HUBERTUS KUHNT

Meetings produktiv gestalten

So nutzen Sie Ihre Zeit und Ressourcen optimal

Ein Hinweis zu gendergerechter Sprache: Die Entscheidung, in welcher Form alle Geschlechter angesprochen werden, obliegt den jeweiligen Verfassenden.

Bibliografische Information der Deutschen Nationalbibliothek.
Die Deutsche Nationalbibliothek verzeichnet diese Publikation in der Deutschen Nationalbibliografie; detaillierte bibliografische Daten sind im Internet über http://dnb.d-nb.de abrufbar.

ISBN: 978-3-96739-188-6

Umschlaggestaltung: Buddelschiff, Stuttgart | www.buddelschiff.de
Umschlagfoto: iStock, Buddelschiff, Stuttgart
Umschlagkonzept: Buddelschiff, Stuttgart | www.buddelschiff.de
Lektorat: Anja Hilgarth, Herzogenaurach
Autorenfoto: © Timo Bühring PrePixel Fotografie | www.prepixel.de
Layout: Buddelschiff, Stuttgart | www.buddelschiff.de
Satz: ZeroSoft, Timisoara
Druck und Verarbeitung: Salzland Druck, Staßfurt

Wir drucken in Deutschland.

www.gabal-verlag.de
www.gabal-magazin.de
www.twitter.com/gabalbuecher
www.facebook.com/gabalbuecher
www.instagram.com/gabalbuecher

PEFC
PEFC/04-31-2251

PEFC-zertifiziert
Dieses Produkt stammt aus nachhaltig bewirtschafteten Wäldern und kontrollierten Quellen
www.pefc.de

ÖKOLOGISCHE VERANTWORTUNG

Wir übernehmen Verantwortung! Ökologisch und sozial

- Verzicht auf Plastik: kein Einschweißen der Bücher in Folie
- Nachhaltige Produktion: Verwendung von Papier aus nachhaltig bewirtschafteten Wäldern, PEFC-zertifiziert
- Stärkung des Wirtschaftsstandorts Deutschland: Herstellung und Druck in Deutschland

Inhalt

GABAL DIGITAL NEUES LERNEN

Lernen mit vielen Sinnen

Unsere interaktiven Bücher im praktischen Softcoverformat sprechen viele Sinne und Lernkanäle an und bieten Ihnen echten Mehrwert. Digitale Zusatzinhalte ergänzen die Bücher und ermöglichen so einen optimalen Umsetzungserfolg.

Natürlich steht jedes Buch auch für sich allein gut da. So bekommen Sie mit diesem Buch alles, was Sie brauchen, um Meetings in Ihrem Unternehmen produktiv durchzuführen. Mit dem Kauf dieses Buches haben Sie jedoch außerdem einen exklusiven kostenfreien Zugang zu allen Zusatzmaterialien wie Videos, Dokumenten und Checklisten erworben, die Sie hinzuziehen und als Unterstützung für die Umsetzung der im Buch enthaltenen Ideen abrufen können. Diese werden auf unserem GABAL eCAMPUS zur Verfügung gestellt.

Der eCAMPUS ist ein geschützter Bereich, von dem Sie als Buchkäuferin oder Buchkäufer die Zusatzinhalte für unsere Whitebooks downloaden können – kostenfrei, in keiner Weise verpflichtend und ohne zeitliche Beschränkung. Der eCAMPUS wird in der nächsten Zeit um viele Inhalte und Features erweitert.

Um auf die Zusatzinhalte aus dem Buch zugreifen zu können, müssen Sie sich einmalig auf dem GABAL eCAMPUS registrieren.

Um diesen zu erreichen, gehen Sie auf: https://gabal-ecampus.de/whitebooks oder scannen Sie den folgenden QR-Code:

Schritt-für-Schritt-Anleitung

Schritt 1: a) Oben stehenden **QR-Code** scannen
oder
b) **Adresse in Browser** eingeben

Schritt 2: a) QR-Code: Auf den Button „Starten“ klicken
b) Browser: Auf den Button „Whitebooks“ klicken, Produkt auswählen, danach auf „Starten“ klicken

Schritt 3: Registrierung
1. Die erforderlichen Felder ausfüllen und ein sicheres Passwort wählen (8 Zeichen, darunter 1 Großbuchstabe, 1 Zahl, 1 Kleinbuchstabe und 1 Sonderzeichen).
2. Auf „Registrieren“ klicken

Schritt 4: Aktivierung des Zugangs mit Klick auf „Bestätigungsmail“

Schritt 5: Zusatzinhalte freischalten
1. Klick auf „Starten“
2. Eingabe des folgenden Produktschlüssels:

P5VF7C4DG1

Ab sofort können Sie im Browser durch Klick auf die Materialien oder durch Einscannen der QR-Codes im Buch direkt auf die digitalen Zusatzinhalte gelangen.

Beachten Sie: Der eCAMPUS überprüft jedes Mal, ob Sie angemeldet sind und einen Zugang besitzen. Sollten Sie nicht mehr angemeldet sein, können Sie dies über den „Anmelden“-Button rechts oben auf der Seite mit E-Mail und Ihrem persönlichen Passwort vornehmen.

GABAL DIGITAL NEUES LERNEN

Sie erkennen die digitalen Zusatzangebote an den folgenden Symbolen:

DOKUMENT. Hier führt Sie ein QR-Code zu einer einem Dokument mit weiterführenden Links. Sie können sich die Dokumente ausdrucken und herunterladen.

CHECKLISTE. Folgen Sie dem QR-Code, können Sie eine nützliche Checkliste downloaden.

VIDEO. Hier führt Sie ein QR-Code zu interessanten weiterführenden Videos.

Wenden Sie sich bei Fragen gern jederzeit an: support@gabal-verlag.de.

Wir wünschen Ihnen viel Erfolg bei Ihrer persönlichen und beruflichen Weiterentwicklung.

Ein paar Worte vorweg

Wann war Ihr letztes gutes Meeting? Bei dieser Frage müssen die meisten Menschen sehr lange überlegen. Die Frage nach dem letzten schlechten Meeting hingegen ist häufig schnell zu beantworten. Wann also war Ihr letztes gutes Meeting?

Lassen Sie mich das gleich vorwegsagen: Wir brauchen nicht weniger Meetings – wir brauchen BESSERE Meetings. Und aus den dann besseren Meetings werden automatisch weniger Meetings. Es funktioniert nur so! Gute Meetings zu erzielen ist keine Raketenwissenschaft, kein Studiengang. Es ist ein Handwerk, das jeder erlernen kann.

Zurzeit gibt es viele Stimmen, die das Gegenteil behaupten. In regionalen und überregionalen Zeitungen, auf verschiedenen Social-Media-Kanälen und in zahlreichen Blogs erscheinen Artikel, Posts und Tipps, die Ihnen raten, Ihre Meetings zu reduzieren, zu vermeiden oder zu ersetzen.

Doch ich bin überzeugt, dass Meetings eine wichtige Rolle in der modernen Arbeitswelt spielen. In einer komplexen Welt mit New Work, Digitalisierung, Mobilitätsfragen und anderen vielschichtigen Themen sind Meetings eine ausgezeichnete Antwort, um Entscheidungsfindung, Brainstorming und interne Kommunikation zu unterstützen.

Als Meeting-Enthusiast glaube ich daran, dass Meetings ein ideales Führungsinstrument sind, weil sie:

- die Mitarbeitenden auf eine gemeinsame Vision einstimmen und ihnen einen Sinn für ihre Arbeit vermitteln. Meetings sind eine Gelegenheit, um die Vision, die Mission und die Werte des Unternehmens zu kommunizieren, zu erklären und zu verinnerlichen. Sie helfen den Mitarbeitenden, zu verstehen, warum sie ihre Arbeit machen, was sie damit bewirken wollen und wie sie das erreichen können.
- die Kreativität und Innovation fördern, indem sie den Austausch von Ideen und Wissen ermöglichen. Meetings sind eine Gelegenheit, um neue Ideen, Lösungen und Produkte zu generieren, zu diskutieren und zu bewerten. Sie ermöglichen den Mitarbeitenden, ihr Wissen, ihre Erfahrungen und ihre Perspektiven zu teilen, zu erweitern und zu bereichern.
- die Zusammenarbeit und das Vertrauen zwischen den Teammitgliedern stärken, indem sie ein Gefühl der Zugehörigkeit und des Respekts schaffen. Meetings sind eine Gelegenheit, um die Beziehungen, die Kommunikation und die Koordination

zwischen den Teammitgliedern zu verbessern, zu vertiefen und zu pflegen. Sie schaffen ein Gefühl der Gemeinschaft, der Unterstützung und der Wertschätzung.
- die Entscheidungsfindung und Problemlösung verbessern, indem sie unterschiedliche Perspektiven und Meinungen berücksichtigen. Meetings sind eine Gelegenheit, um Probleme, Herausforderungen und Chancen zu identifizieren, zu analysieren und zu lösen. Sie ermöglichen den Mitarbeitenden, ihre Meinungen, Argumente und Vorschläge zu äußern, zu hören und zu berücksichtigen.
- die Leistung und Motivation der Mitarbeitenden steigern, indem sie Feedback, Anerkennung und Anreize bieten, die ihre Leistung, ihre Zufriedenheit und ihre Loyalität erhöhen. Meetings sind eine Gelegenheit, um die Leistungen, die Ergebnisse und die Fortschritte der Mitarbeitenden zu überprüfen, zu bewerten und zu feiern.

Leider sind viele Meetings langweilig, unproduktiv, ineffizient und nicht wertschätzend. Meetings zählen seit vielen Jahren zu den größten Produktivitäts- und Motivationskillern in deutschen Unternehmen, und daran haben auch Online-Meetings nichts geändert.

Mit diesem Buch werde ich die Ursachen für schlechte Meetings angehen, und ich werde Ihnen Wege, Tipps und Tricks für gute Meetings aufzeigen. Ich setze mich für bessere und begeisternde Meetings ein.

Ich werde Ihnen zeigen, wie Sie Ihre Meetings effektiv planen, durchführen und nachbereiten können. Ich werde Ihnen zeigen, wie Sie Ihre Meetings interaktiv, kreativ und innovativ gestalten können. Ich werde Ihnen zeigen, wie Sie Ihre Meetings zu einem Erlebnis machen können, das Sie und Ihre Teilnehmenden begeistert.

Ihr
Hubertus Kuhnt

1

Das Meetingaudit

„Warum denn ein Meetingaudit?“

Wissen Sie, wie gut Ihre Meetings sind? Wenn Sie diese Frage mit „Ja“ beantworten können, dann gratuliere ich Ihnen. Sie gehören zu einer Minderheit von Menschen, die ihre Meetings regelmäßig evaluieren und optimieren. Wenn Sie diese Frage jedoch mit „Nein“ oder „Nicht so genau“ beantworten müssen, dann sind Sie nicht allein. Die meisten von uns nehmen Meetings als notwendiges Übel hin und machen sich selten Gedanken darüber, wie sie sie verbessern können.

Ein Instrument, um die Qualität Ihrer Meetings zu messen, zu analysieren und zu optimieren, ist das Meetingaudit. Sie fragen sich vielleicht, was ein Meetingaudit ist und wie es funktioniert. Schließlich gibt es zurzeit wenige Beispiele, die Ihnen zeigen, wie ein Meetingaudit aussehen und ablaufen kann. In vielen Unternehmen, Organisationen und Institutionen ist ein Meetingaudit noch ein Fremdwort, ein Tabu, ein No-Go. Ein solches Audit ist jedoch kein Hexenwerk, kein Hokuspokus und kein Geheimnis – es ist ein systematischer, strukturierter und standardisierter Prozess, eine Methode, die wir alle anwenden können.

Was ein Meetingaudit ist – und was es nicht ist

Oft höre ich folgende Aussagen zu einem Meetingaudit:

„Ein Meetingaudit ist zu kompliziert und zu aufwendig.“
Das ist ein Vorwand, um kein Audit durchführen zu müssen. Ein Meetingaudit ist hilfreich und effizient. Es besteht aus vier einfachen Schritten, die Sie in kurzer Zeit durchführen können. Dazu gleich mehr im Kapitel „Durchführung eines Meetingaudits“.

„Ein Meetingaudit ist zu kritisch und zu negativ.“
Das ist ein Vorurteil. Ein Meetingaudit ist objektiv und konstruktiv. Es basiert auf Fakten und nicht auf Meinungen, auf Daten und nicht auf Gefühlen, auf Belegen und nicht auf Vermutungen. Ein Meetingaudit zielt nicht darauf ab, Sie zu verurteilen, zu beschämen oder zu bestrafen, sondern will Ihnen helfen, sie unterstützen und fördern. Ein Meetingaudit zeigt Ihnen nicht nur Ihre Schwächen, sondern auch Ihre Stärken, nicht nur Ihre Probleme, sondern auch Ihre Potenziale, nicht nur Ihre Fehler, sondern auch Ihre Erfolge.

„Ein Meetingaudit ist zu gefährlich und zu riskant.“
Das ist einfach falsch. Ein Meetingaudit ist sicher und nützlich. Denn es ist nicht öffentlich, sondern vertraulich, nicht persönlich, sondern anonym, und nicht

verpflichtend, sondern freiwillig. Ein Meetingaudit schadet Ihnen nicht, und es nützt nicht nur Ihnen, sondern auch Ihren Kolleginnen und Kollegen und dem gesamten Unternehmen. Ein Meetingaudit spart Ihnen Zeit, Geld und Nerven und steigert Ihre Produktivität.

Ein jedes Audit ist ein systematischer, unabhängiger und dokumentierter Prozess, um die Übereinstimmung von etwas mit einem festgelegten Standard oder einer festgelegten Norm zu überprüfen. Ein Audit kann verschiedene Bereiche, Funktionen oder Aktivitäten eines Unternehmens betreffen, z. B. Finanzen, Qualität, Sicherheit, Umwelt, Gesundheit, Compliance, etc. Ein Audit hat zum Ziel, die Leistung, die Effizienz, die Effektivität, die Transparenz, die Zuverlässigkeit, die Nachhaltigkeit und die Verbesserung eines Unternehmens zu erhöhen.

Ein Meetingaudit ist eine spezielle Form eines Audits, das sich auf die Qualität der Meetings in einem Unternehmen konzentriert. Es überprüft die Übereinstimmung der Meetings mit einem festgelegten Standard oder einer festgelegten Norm, z. B. mit einem Ziel, einer Agenda, einer Moderation, einem Zeitmanagement, einer Interaktion, mit einem Ergebnis oder dem Grad an Zufriedenheit etc.

Ein Meetingaudit hat das Ziel, die Leistung, die Effizienz, die Effektivität, die Transparenz, die Zuverlässigkeit, die Nachhaltigkeit und die Verbesserung der Meetings zu erhöhen. Es ist also vergleichbar mit anderen Audits, die bereits in deutschen Unternehmen etabliert sind, aber es hat auch einige Besonderheiten, die es von anderen Audits unterscheiden. Hier einige dieser Gemeinsamkeiten und Unterschiede:

- Ein Meetingaudit folgt dem gleichen Grundprinzip wie andere Audits: planen, durchführen, berichten, verbessern.
- Ein Meetingaudit nutzt die gleichen Methoden wie andere Audits: Dokumentenprüfung, Beobachtung, Befragung, Messung, Auswertung.
- Ein Meetingaudit erfordert die gleichen Kompetenzen wie andere Audits: Fachwissen, Objektivität, Unabhängigkeit, Kommunikation, Analyse, Bewertung.
- Ein Meetingaudit ist flexibler als andere Audits: Es kann intern oder extern, regelmäßig oder anlassbezogen, formal oder informell, individuell oder kollektiv durchgeführt werden.
- Ein Meetingaudit ist partizipativer als andere Audits: Es bezieht die Meetingteilnehmenden aktiv in den Prozess ein, z. B. durch Selbstbewertung, Feedback, Diskussion, Vorschläge, Umsetzung.
- Ein Meetingaudit ist kreativer als andere Audits: Es eröffnet neue Möglichkeiten, die Meetings zu gestalten, z. B. durch experimentieren, variieren, anpassen, optimieren, innovieren.

Ein Meetingaudit ist also eine sinnvolle und nützliche Ergänzung zu den bestehenden Audits in deutschen Unternehmen. Es hilft Ihnen, Ihre Meetings zu messen, zu analysieren und zu optimieren. Es hilft Ihnen, Ihre Meetings besser zu machen.

Warum sollten auch Sie sich in Ihrem Unternehmen für die Durchführung von Meetingaudits entscheiden? Warum ist es so wichtig, zu wissen, wie gut Ihre Meetings sind? Werfen wir als Vorbereitung der Antwort auf diese Fragen zunächst einen Blick auf die Folgen, die schlechte Meetings haben können.

Folgen schlechter Meetings

Sicher gibt es zurzeit viele andere Themen, die wichtiger und dringender erscheinen als Meetings. In einer Zeit, in der sich die Welt rasant verändert, in der die Digitalisierung, die Globalisierung und die Nachhaltigkeit neue Herausforderungen und Chancen schaffen, in der die Kundenansprüche, die Wettbewerbsbedingungen und die Geschäftsmodelle sich ständig wandeln, in der die Innovation, die Agilität und die Resilienz zu Schlüsselfaktoren für den Erfolg werden – in einer solchen Zeit scheinen Meetings eher ein Randthema zu sein, das man vernachlässigen kann.

Unproduktive Meetings haben jedoch enorme Auswirkungen auf den Alltag in Unternehmen. Dessen sind sich die meisten von uns nicht bewusst – zu lange schon leben wir damit, zu sehr haben wir uns schon daran gewöhnt. Dabei greifen schlechte Meetings genau dort an, wo es wehtut: bei der Gesundheit und Zufriedenheit der Mitarbeitenden – und beim Geld.

Hohe Meetingkosten

Manche Studien über Meetingkosten gehen von über 60 Milliarden Euro an Kosten für unproduktive Meetings in Deutschland aus. Wohlgemerkt für *unproduktive* Meetings, nicht als Gesamtkosten aller Meetings. Eine gewaltige Summe! Der Bundesminister der Verteidigung würde sich freuen, wenn er ein solches Budget im Einzelplan 14 des Bundeshaushalts hätte. Für dieses Geld könnte sich die Bundesrepublik Deutschland vier Flugzeugträger der neuesten Gerald-R.-Ford-Klasse kaufen – und das jährlich. Falls Sie es nicht so mit Flugzeugträgern haben und lieber ein sportliches Auto fahren, dann könnten Sie sich über 490.000 Porsche 911 Carrera Baujahr 2024 für diese gigantische Summe an unproduktiven Meetings kaufen. Porsche würde sich freuen und schnellstens die Produktionskapazitäten aufstocken. Und, willkommen im Club, Deutschland ist damit nicht allein. Andere Länder wie die USA und UK gönnen sich sogar noch mehr unproduktive Meetings.

Um diese Zahl etwas greifbarer zu machen, ist es sinnvoll diese auf die Anzahl an Mitarbeitenden herunterzubrechen. Auch hier sind bereits Studien vorhanden, und je nach Berechnungsart – über alle Mitarbeitenden oder über relevante Mitarbeitende (Führungskräfte, Vertrieb, Verwaltung) – variieren die Zahlen zwischen 1.500 Euro und 5.000 Euro je Mitarbeiter bzw. Mitarbeiterin pro Jahr. Auch diese Beträge beziehen sich auf unproduktive Meetings und nicht auf die gesamten Meetingkosten.

Wahrscheinlich rechnen Sie gerade bereits Ihre Zahlen im Kopf – ich unterstütze Sie gerne dabei. Nehmen wir an, Sie verantworten ein Unternehmen mit 500 Mitarbeitenden. Wenn wir Ihre Mitarbeiterzahl mit der oben genannten geringsten Zahl von 1.500 Euro multiplizieren, dann kommen Sie auf einen Wert von 750.000 Euro. In einem Jahr produzieren Sie damit sechs Porsche 911 Carrera an unproduktiven Meetings – in 2023, in 2024, in 2025 usw. Lassen Sie es mich mit meinem Lieblingsbeispiel ausdrücken: Alle zwei Monate öffnen Sie Ihr Fenster im 5. Stock Ihres Firmengebäudes, werfen einen Porsche hinaus, schließen das Fenster wieder und tun so, als ob nichts gewesen wäre.

Was könnten Sie nicht alles machen, wenn Sie die Kosten für unproduktive Meetings um z. B. 50 Prozent senken würden?
Sie könnten Ihre Eigenkapitalquote um 375.000 Euro steigern.
Sie könnten Ihre Produktivität um 375.000 Euro steigern.
Sie könnten Ihre offenen Stellen durch Steigerung der Produktivität der existierenden Mitarbeitenden reduzieren.
Sie könnten zusätzliche 375.000 Euro in Ihr Unternehmen investieren, und das jährlich.

Wenn Sie ein Meetingaudit durchgeführt und festgestellt haben, dass auch in Ihrem Unternehmen viele Meetings unproduktiv ablaufen, können Sie die Kosten für unproduktive Meetings senken.

Dazu müssen Sie zunächst wissen, wie sich die Meetingkosten zusammensetzen. Es gibt verschiedene Faktoren bzw. Probleme, die die Meetingkosten beeinflussen:

Problem: Die Anzahl der Meetings, die Sie pro Woche, Monat oder Jahr durchführen. Je mehr Meetings Sie haben, desto höher sind die Kosten.

Lösung: Führen Sie nur die Meetings durch, die einen klaren Zweck, ein konkretes Ziel und einen messbaren Nutzen haben.

Problem: Die Dauer der Meetings, die Sie pro Meeting veranschlagen. Je länger die Meetings dauern, desto höher sind die Kosten.

Lösung: Halten Sie eine feste Zeitvorgabe ein, straffen Sie die Agenda, fokussieren Sie die Diskussionen und fassen Sie die Ergebnisse zusammen.

Problem: Die Zahl der Teilnehmenden, die Sie pro Meeting einladen. Je mehr Teilnehmende Sie haben, desto höher sind die Kosten.

Lösung: Laden Sie nur die relevanten und verantwortlichen Personen ein, die einen direkten Bezug zu dem Thema oder dem Problem haben.

Problem: Die Stundensätze der Teilnehmenden, die Sie pro Meeting bezahlen. Je höher die Stundensätze sind, desto höher sind die Kosten.

Lösung: Senken Sie die Stundensätze der Teilnehmenden, indem Sie diese nach ihrer Qualifikation, ihrem Beitrag und ihrem Einfluss auswählen und nicht nach ihrer Hierarchie, ihrer Verfügbarkeit oder ihrer Neugier.

Problem: Die Nebenkosten der Meetings, die Sie pro Meeting aufwenden. Dazu gehören z. B. die Kosten für die Raummiete, die Verpflegung, die Reisekosten, die Technik, etc. Je höher die Nebenkosten sind, desto höher sind die Kosten.

Lösung: Setzen Sie die Ressourcen, die Zeit und das Geld für die Organisation, Durchführung und Dokumentation der Meetings sparsam und effektiv ein.

Problem: Die Opportunitätskosten der Meetings, die Sie pro Meeting verlieren. Das sind die Kosten, die entstehen, weil Sie oder Ihre Teilnehmenden in der Zeit, die Sie für das Meeting aufwenden, andere wertvolle Aufgaben nicht erledigen können. Je höher die Opportunitätskosten sind, desto höher sind die Kosten.

Lösung: Steigern Sie die Qualität, die Produktivität und die Effizienz der Meetings und schaffen Sie so einen Mehrwert für das Unternehmen.

Wenn Sie diese einfachen, aber effektiven Lösungen anwenden, werden Sie nicht nur die Kosten für unproduktive Meetings senken, sondern auch die Qualität, die Produktivität und die Effizienz Ihrer Meetings erhöhen. Sie werden bessere Meetings haben, die Ihre Mitarbeitenden zufrieden, motiviert und begeistert machen. Sie werden bessere Ergebnisse erzielen, die zu zufriedenen, loyalen und begeisterten Kundinnen und Kunden, und bessere Zahlen, die zu einer zufriedenen, stolzen und begeisterten Geschäftsführung führen.

CHECKLISTE: Meetingkosten für einen Meetingtag

Niedrige Mitarbeiterzufriedenheit und hoher Krankenstand

Bei der Förderung der Mitarbeiterzufriedenheit spielen viele Faktoren eine Rolle, wie z. B. Arbeitsbedingungen, Entlohnung, Arbeitsklima, Aufgaben etc. Meetings sind in vielen Unternehmen ein wichtiger Bestandteil des Arbeitsalltags – hier werden Informationen ausgetauscht, Ideen entwickelt, Probleme gelöst, Entscheidungen getroffen und Ziele erreicht. Aber nicht alle Meetings sind gleich. Einige sind effektiv, produktiv und zufriedenstellend, viele andere aber ineffektiv, unproduktiv und frustrierend.

Schlechte Meetings können die Mitarbeiterzufriedenheit verringern; die Mitarbeitenden sind unglücklich und unzufrieden:

- Meetings können die Kommunikation, die Zusammenarbeit und die Kreativität der Mitarbeitenden beeinträchtigen, wenn sie zu selten, zu spät oder zu unverständlich stattfinden. Mitarbeitende fühlen sich isoliert, ausgeschlossen und eingeschränkt, weil sie nicht ausreichend, rechtzeitig oder klar informiert werden, nicht kommunizieren, zusammenarbeiten oder kreativ sein können.
- Werden Meetings zu oft oder unnötigerweise angesetzt, beeinträchtigt das Leistung, Qualität und Effizienz der Arbeit: Mitarbeitende fühlen sich überlastet und unter Druck gesetzt und haben das Gefühl, Zeit, Energie und Geld für Meetings zu verschwenden, die nichts bringen.
- Motivation, Loyalität und das Engagement der Mitarbeitenden leiden auch, wenn in Meetings Ziele ignoriert, ihre Meinungen missachtet und Vereinbarungen gebrochen werden. Enttäuschung und Frustration machen sich breit.
- Gleiches gilt, wenn in Meetings die Leistungen und Anstrengungen der Mitarbeitenden nicht angesprochen und wertgeschätzt werden, sondern stattdessen gar ignoriert und nur Fehler öffentlich angeprangert werden.

Schlechte Meetings können auch dazu beitragen, den Krankenstand zu erhöhen, indem sie die Mitarbeitenden physisch oder psychisch belasten. Dies kann sich in verschiedenen Krankheitsbildern, Gemütszuständen und insgesamt in der Arbeits-Atmosphäre widerspiegeln. Es kommt zu:

- Stress – der wiederum zu Kopfschmerzen, Bluthochdruck, Herz-Kreislauf-Erkrankungen, Magen-Darm-Beschwerden, Schlafstörungen, Depressionen, Angststörungen usw. führen kann.
- Überforderung – die zu Erschöpfung, Burn-out, chronischer Müdigkeit, Konzentrationsstörungen, Gedächtnisverlust, Reizbarkeit usw. führen kann. Burn-out wiederum verursacht oft emotionale Erschöpfung, Depersonalisierung, verminderte Leistungsfähigkeit, Hoffnungslosigkeit, Sinnverlust und Suizidgedanken.
- Konflikten – die zu Aggression, Feindseligkeit, Gewalt, Mobbing, Schikane, Diskriminierung usw. führen können. Mobbing hat oft psychosomatische Beschwerden, Depressionen, Angststörungen, posttraumatische Belastungsstörungen, Selbstwertverlust, Isolation usw. zur Folge.
- Demotivation –die zu Unzufriedenheit, Frustration, Resignation, Kündigung, Fluktuation usw. führen kann. Aus Frustration wird oft Unzufriedenheit, Ärger, Wut, Aggression usw., Resignation mündet oft in Hoffnungslosigkeit, Sinnverlust, Depression, Selbstmordgedanken usw.
- Langeweile – die zu Desinteresse, Apathie, Passivität, Unterforderung, Monotonie usw. führen kann. Aus Desinteresse resultiert oft mangelnde Beteiligung, mangelnde Verantwortung, mangelnde Initiative, schlechte Qualität usw.
- Ablenkung – die zu Unaufmerksamkeit, Fehlern, Unfällen, Verletzungen usw. führen kann.

Diese Erkrankungen können Mitarbeitende daran hindern, ihre Arbeit zu verrichten, ihre Ziele zu erreichen und ihr Potenzial zu entfalten. Oft erhöhen sie auch die Kosten für das Unternehmen, z. B. durch Krankengeld, Krankenversicherung, Behandlungskosten und Ersatzkosten usw., und nicht selten reagieren Unternehmen, indem sie den betroffenen Arbeitnehmenden kündigen. So verschlechtert sich deren Situation möglicherweise hin zu Arbeitslosigkeit, finanziellen Problemen, sozialer Isolation usw.

Manche Krankheiten können chronisch werden und Behinderungen und Arbeitsunfähigkeit nach sich ziehen. Sie beeinträchtigen die Lebensqualität der Mitarbeitenden und können auch die Beziehungen zu Kolleginnen und Kollegen, Vorgesetzten, Kunden und Familienangehörigen belasten.

Ursachen schlechter Meetings

Ein Meetingaudit hilft dabei, aufzudecken, wie effektiv Meetings in Ihrem Unternehmen sind. Glaubenssätze und Allgemeinplätze verhindern jedoch oft, dass dieses hilfreiche Instrument überhaupt zum Einsatz kommt. „Business as usual" wird oft verteidigt mit den folgenden Mythen:

„Eine Software für Videokonferenzen macht bessere Meetings."
Das ist ein Irrtum. Eine Software für Videokonferenzen ist nur ein Werkzeug, das Ihnen die Möglichkeit bietet, Meetings aus dem Präsenzbereich in ein Onlineformat zu verlagern. Sie kann Ihnen Bild- und Tonübertragung bieten, manchmal sogar aus dem gesprochenen Wort transkribieren. Aber sie kann Ihnen nicht garantieren, dass Ihre Meetings besser werden, nur weil Sie das Medium wechseln. Denn die Qualität Ihrer Meetings hängt nicht von der Technik ab, sondern von den Menschen, die sie gestalten und nutzen.

„Weniger Meetings abhalten, und schon wird es besser!"
Auch das ist ein Trugschluss. Weniger Meetings sind keine Lösung, sondern eine Flucht. Wenn Sie einfach 30 bis 40 Prozent Ihrer Meetings streichen, werden Sie vielleicht mehr Zeit für andere Aufgaben haben, aber Sie werden nicht automatisch bessere Meetings haben. Denn die Qualität Ihrer Meetings hängt nicht von der Quantität ab, sondern von Inhalt, Aufbau und Durchführung. Wenn Sie die verbleibenden 60 bis 70 Prozent der Meetings nicht verbessern, werden Sie immer noch unzufrieden und frustriert sein.

„Meetings sind unwichtig und irrelevant."
Das ist natürlich nicht richtig: Meetings sind wichtig und relevant. Meetings sind der Ort, an dem die meisten Entscheidungen getroffen, die meisten Probleme gelöst, die meisten Ideen generiert, die meisten Informationen ausgetauscht, die meisten Beziehungen gepflegt, die meisten Ziele vereinbart, die meisten Maßnahmen geplant und die meisten Ergebnisse präsentiert werden. Meetings sind der Ort, an dem die meisten Werte geschaffen werden. Ohne Meetings gäbe es keine Zusammenarbeit, keine Kommunikation, keine Koordination, keine Kultur. Ohne Meetings gäbe es kein Unternehmen.

„Meetings sind selbstverständlich und unveränderlich."
Auch das ist falsch: Meetings sind durchaus gestaltbar und veränderbar. Denn Meetings sind keine Naturgesetze, keine Schicksale, keine Zufälle. Meetings sind menschliche Erfindungen, menschliche Gestaltungen, menschliche Handlungen. Meetings sind also das Ergebnis von bewussten oder unbewussten Entscheidungen, von expliziten oder impliziten Regeln, von konstruktiven oder destruktiven Verhal-

tensweisen. Meetings sind das, was wir daraus machen. Mit Meetings können wir alles erreichen oder alles verderben.

„Unsere Meetings sind gut genug und brauchen keine Verbesserung."
Das ist oftmals ein Irrglaube: Meetings sind in den meisten Fällen schlecht, ineffizient, unproduktiv, langweilig, frustrierend, demotivierend, konfliktreich, zeitverschwendend, energieraubend und geldvernichtend. Meetings sind also eine Quelle von vielen Kosten, Risiken, Fehlern, Beschwerden, Krankheiten, Kündigungen. Meetings sind ein Problem, das wir lösen müssen. Mit Meetings können wir viel gewinnen oder viel verlieren.

Diese und andere Mythen sind nichts anderes als Symptombehandlung. Sie versuchen, die negativen Folgen von schlechten Meetings zu minimieren, ohne die eigentlichen Ursachen anzugehen. Um Meetings besser zu machen, müssen Sie jedoch genau dies tun.

Die folgenden Aspekte sind für über 90 Prozent aller schlechten Meetings verantwortlich:

1. Ein fehlendes Ziel und somit ein fehlender Fokus
Ein Meeting ohne Ziel ist wie eine Reise ohne Ziel: Sie wissen nicht, warum Sie das Meeting machen, was Sie damit erreichen wollen und wie Sie das messen können. Sie verlieren sich in Nebensächlichkeiten, Abschweifungen und Wiederholungen. Ohne ein vorher festgelegtes Ziel verlassen Sie ein Meeting ohne Ergebnisse, ohne Entscheidungen und ohne Maßnahmen.

2. Eine schlecht geführte Moderation
Ein Meeting ohne Moderation ist wie ein Schiff ohne Kapitän: Sie wissen nicht, wer das Meeting leitet, wer die Agenda festlegt und wer die Diskussion steuert. Sie erleben ein Chaos aus Unterbrechungen, Monologen und Konflikten. Sie verlassen ein Meeting ohne Klarheit, ohne Konsens und ohne Verbindlichkeit.

3. Respektloses Zeitmanagement
Ein Meeting ohne Zeitmanagement ist wie ein Spiel ohne Regeln: Sie wissen nicht, wie lange das Meeting dauert, wie viel Zeit Sie für jeden Punkt haben und wie Sie die Zeit einhalten können. Sie erleben eine Verschwendung von Zeit, Energie und Geld. Sie verlassen ein Meeting ohne Effizienz, ohne Effektivität und ohne Zufriedenheit.

4. Ermüdende PowerPoint-Schlachten und Excel-Friedhöfe
Ein Meeting ohne Interaktion ist wie ein Theater ohne Publikum: Sie wissen nicht, wie Sie die Aufmerksamkeit, das Interesse und die Beteiligung der Teilnehmenden

gewinnen und halten können. Langeweile, Passivität und Unaufmerksamkeit sind die Folge. Sie verlassen ein Meeting ohne Lerneffekt, ohne Kreativität und ohne Innovation.

5. Fehlende Messung und somit fehlendes Feedback
Ein Meeting ohne Messung, ohne Rückmeldung Ihrer Teilnehmenden, ist wie eine Fahrt ohne Tacho: Sie wissen nicht, wie schnell Sie fahren, wie weit Sie gekommen sind, wie viel Benzin Sie verbraucht haben. Sie fahren blind, ohne Orientierung, ohne Kontrolle. Sie beenden ein Meeting ohne Bewertung, ohne Rückmeldung, ohne Lerneffekt.

6. Fehlende Analyse und somit fehlende Erkenntnis
Ein Meeting ohne Ihre eigene anschließende Analyse ist wie eine Prüfung ohne Note: Sie wissen nicht, wie gut Sie abgeschnitten haben, was Sie richtig gemacht haben, was Sie falsch gemacht haben. Sie lernen nichts, ohne Reflexion, ohne Verständnis, ohne Verbesserung. Sie beenden ein Meeting ohne Erkenntnis, ohne Einsicht, ohne Entwicklung.

7. Fehlende Optimierung und somit fehlende Veränderung
Ein Meeting ohne Optimierung ist wie eine Therapie ohne Heilung: Sie wissen nicht, wie Sie Ihre Situation verbessern können, was Sie beibehalten sollten, was Sie verändern sollten. Sie ändern nichts, ohne Anpassung, ohne Innovation, ohne Transformation. Sie beenden ein Meeting ohne Veränderung, ohne Fortschritt, ohne Erfolg.

Um diese Faktoren zu verbessern, brauchen Sie ein Meetingaudit.

Die Durchführung eines Meetingaudits

Sie haben sich entschieden, ein Meetingaudit in Ihrem Unternehmen durchzuführen. Sie wollen wissen, wie gut Ihre Meetings sind, was Sie verbessern können und wie Sie das erreichen können. Sie wollen Ihre Meetings zu einem Erfolgsfaktor für Ihr Unternehmen machen. Aber wie gehen Sie vor? Was sind die einzelnen Schritte? Wie lange dauern sie? Wer ist verantwortlich? Wer unterstützt Sie? Wer ist betroffen?

Hier finden Sie eine Anleitung, die Ihnen hilft, ein Meetingaudit erfolgreich zu planen, durchzuführen, auszuwerten und umzusetzen.

Ein Meetingaudit läuft in vier Schritten ab:

1. Sie planen Ihr Audit und definieren die Kriterien, nach denen Sie Ihre Meetings bewerten wollen.
2. Sie erheben die Daten, die Sie für Ihre Bewertung brauchen.
3. Sie werten die Daten aus, die Sie für Ihre Analyse brauchen.
4. Sie setzen die Erkenntnisse aus dem Audit um.

Schritt 1: Planung und Definition der Kriterien

In dieser Phase legen Sie die Ziele, den Umfang, den Zeitplan, die Methoden, die Kriterien und die Verantwortlichkeiten für das Meetingaudit fest. Sie klären, warum Sie das Meetingaudit machen wollen, was Sie damit erreichen wollen, wie Sie das messen wollen, welche Meetings Sie auditieren wollen, wann Sie das machen wollen, wie Sie das machen wollen, wer das machen soll und wer das unterstützen soll.

Diese Planung ist eine wichtige Voraussetzung für den Erfolg des Meetingaudits, denn sie schafft Klarheit, Struktur und Transparenz für alle Beteiligten.

Die Planung sollte ca. 2 bis 4 Wochen vor dem Start des Meetingaudits abgeschlossen sein.

Die Verantwortung für die Planung liegt bei der Auditleitung, die aus einer oder mehreren Personen bestehen kann, die über die nötigen Kompetenzen, Ressourcen und Befugnisse verfügen. Die Auditleitung kann von internen oder externen Experten, z. B. Beratern, Coaches, Trainern, unterstützt werden. Die Planung sollte mit den relevanten Stakeholdern, z. B. der Geschäftsleitung, den Führungskräften, den Meetingteilnehmenden, abgestimmt werden.

Schritt 2: Datenerhebung

In dieser Phase sammeln Sie die Daten, die Sie für die Bewertung der Meetingqualität brauchen. Sie nutzen verschiedene Methoden, z. B. Fragebögen, Beobachtungen, Interviews oder Protokolle, um die Übereinstimmung der Meetings mit den in Schritt 1 festgelegten Kriterien – wie Ziel, Agenda, Moderation, Zeitmanagement, Interaktion, Ergebnis und Zufriedenheit – zu überprüfen.

Sie dokumentieren die Daten systematisch, strukturiert und standardisiert.

Die Durchführung ist eine entscheidende Phase für den Erfolg des Meetingaudits, denn sie liefert die Fakten, die Daten, die Belege für die Analyse und die Optimierung der Meetings.

Die Durchführung sollte ca. vier bis acht Wochen dauern, je nach Anzahl und Häufigkeit der zu auditierenden Meetings.

Hier finden Sie je ein Beispiel

- für einen Fragebogen,
- für einen Beobachtungsbogen und
- für einen Interviewleitfaden für die Teilnehmenden.

Beispiel für einen Fragebogen – Sie können die Fragen anpassen oder ergänzen, je nachdem, welche Aspekte der Meetingqualität Sie besonders interessieren. Den Fragebogen finden Sie im Anschluss auch zum Download.

Fragebogen zur Bewertung der Meetingqualität

Bitte bewerten Sie die folgenden Aussagen zu dem Meeting, an dem Sie teilgenommen haben, auf einer Skala von 1 (stimme gar nicht zu) bis 5 (stimme voll und ganz zu).

1. Das Meeting hatte ein klares und relevantes Ziel.
   ☐ 1 ☐ 2 ☐ 3 ☐ 4 ☐ 5

2. Das Meeting hatte eine sinnvolle und strukturierte Agenda.
   ☐ 1 ☐ 2 ☐ 3 ☐ 4 ☐ 5

3. Das Meeting wurde von einem kompetenten und souveränen Moderator / von einer kompetenten und souveränen Moderatorin geleitet.
   ☐ 1 ☐ 2 ☐ 3 ☐ 4 ☐ 5

4. Das Meeting wurde effizient und respektvoll im Hinblick auf die Zeit gemanagt.
   ☐ 1 ☐ 2 ☐ 3 ☐ 4 ☐ 5

5. Das Meeting war interaktiv und förderte die Beteiligung und das Engagement der Teilnehmenden.
   ☐ 1 ☐ 2 ☐ 3 ☐ 4 ☐ 5

6. Das Meeting erzielte konkrete und nützliche Ergebnisse.
   ☐ 1 ☐ 2 ☐ 3 ☐ 4 ☐ 5

7. Das Meeting führte zu klaren und verbindlichen Entscheidungen.
   ☐ 1 ☐ 2 ☐ 3 ☐ 4 ☐ 5

8. Das Meeting führte zu konkreten und nachvollziehbaren Maßnahmen.
   ☐ 1 ☐ 2 ☐ 3 ☐ 4 ☐ 5

9. Das Meeting erfüllte meine Erwartungen und Bedürfnisse.
   ☐ 1 ☐ 2 ☐ 3 ☐ 4 ☐ 5

10. Das Meeting war insgesamt zufriedenstellend und produktiv.
   ☐ 1 ☐ 2 ☐ 3 ☐ 4 ☐ 5

Vielen Dank für Ihre Teilnahme an dem Meeting und an dem Fragebogen. Ihre Antworten werden vertraulich behandelt und anonym ausgewertet. Ihre Rückmeldung hilft uns, die Qualität unserer Meetings zu verbessern.

DOKUMENT: Fragebogen zur Bewertung der Meetingqualität

Beispiel für einen Beobachtungsbogen – Sie können die Beobachtungen anpassen oder ergänzen, je nachdem, welche Aspekte der Meetingqualität Sie besonders interessieren.

Beobachtungsbogen zur Bewertung der Meetingqualität

Bitte erfassen Sie die folgenden Daten zu dem Meeting, das Sie beobachten, anhand des Beobachtungsbogens. Die Daten werden vertraulich behandelt und anonym ausgewertet. Ihre Beobachtung hilft uns, die Qualität unserer Meetings zu verbessern.

	Indikator	**Daten**
1. Kriterium/ Ziel	Das Meeting hat ein klares und relevantes Ziel.	Notieren Sie das Ziel des Meetings. Bewerten Sie, wie klar und relevant es ist, auf einer Skala von 1 (sehr unklar und irrelevant) bis 5 (sehr klar und relevant).
2. Agenda	Das Meeting hat eine sinnvolle und strukturierte Agenda.	Notieren Sie die Agenda des Meetings. Bewerten Sie, wie sinnvoll und strukturiert sie ist, auf einer Skala von 1 (sehr unsinnig und unstrukturiert) bis 5 (sehr sinnvoll und strukturiert).
3. Moderation	Das Meeting wird von einem kompetenten und souveränen Moderator / von einer kompetenten und souveränen Moderatorin geleitet.	Notieren Sie den Namen des Moderators / der Moderatorin. Bewerten Sie, wie kompetent und souverän er/sie das Meeting leitet, auf einer Skala von 1 (sehr inkompetent und nicht souverän) bis 5 (sehr kompetent und souverän).
4. Zeitmanagement	Das Meeting wird effizient und respektvoll im Hinblick auf die Zeit gemanagt.	Notieren Sie die geplante und die tatsächliche Dauer des Meetings. Notieren Sie die geplante und die tatsächliche Dauer jedes Agendapunkts. Bewerten Sie, wie effizient und respektvoll das Zeitmanagement ist, auf einer Skala von 1 (sehr ineffizient und respektlos) bis 5 (sehr effizient und respektvoll).
5. Interaktion	Das Meeting ist interaktiv und fördert die Beteiligung und das Engagement der Teilnehmenden.	Zählen Sie die Anzahl der Teilnehmenden. Zählen Sie die Anzahl der Wortbeiträge pro Teilnehmer/Teilnehmerin. Bewerten Sie, wie interaktiv und förderlich die Interaktion ist, auf einer Skala von 1 (sehr passiv und hemmend) bis 5 (sehr aktiv und förderlich).

	Indikator	Daten
6. Ergebnis	Das Meeting erzielt konkrete und nützliche Ergebnisse.	Notieren Sie die Ergebnisse des Meetings. Bewerten Sie, wie konkret und nützlich sie sind, auf einer Skala von 1 (sehr vage und nutzlos) bis 5 (sehr konkret und nützlich).
7. Entscheidung	Das Meeting führt zu klaren und verbindlichen Entscheidungen.	Notieren Sie die Entscheidungen des Meetings. Bewerten Sie, wie klar und verbindlich sie sind, auf einer Skala von 1 (sehr unklar und unverbindlich) bis 5 (sehr klar und verbindlich).
8. Maßnahmen	Das Meeting führt zu konkreten und nachvollziehbaren Maßnahmen.	Notieren Sie die Maßnahmen des Meetings. Bewerten Sie, wie konkret und nachvollziehbar sie sind, auf einer Skala von 1 (sehr vage und unverständlich) bis 5 (sehr konkret und verständlich).
9. Erwartung	Das Meeting erfüllt die Erwartungen und Bedürfnisse der Teilnehmenden.	Notieren Sie die Erwartungen und Bedürfnisse der Teilnehmenden. Bewerten Sie, wie gut sie erfüllt wurden, auf einer Skala von 1 (sehr schlecht erfüllt) bis 5 (sehr gut erfüllt).
10. Zufriedenheit	Das Meeting ist insgesamt zufriedenstellend und produktiv.	Bewerten Sie, wie zufriedenstellend und produktiv das Meeting war, auf einer Skala von 1 (sehr unzufriedenstellend und unproduktiv) bis 5 (sehr zufriedenstellend und produktiv).

Vielen Dank für Ihre Teilnahme an dem Meeting und an dem Beobachtungsbogen. Ihre Daten werden vertraulich behandelt und anonym ausgewertet. Ihre Beobachtung hilft uns, die Qualität unserer Meetings zu verbessern.

Im Downloadbereich finden Sie Checklisten mit Punkten, die Sie in Ihre individuellen Beobachtungsbögen – sowohl aus Moderatorinnen- bzw. Moderatorensicht als auch aus Sicht der Teilnehmenden – einfließen lassen können.

Vervollständigen Sie „Ihre" Checkliste mit Punkten, die Ihnen wichtig sind, und füllen Sie diese gleich nach dem Meeting aus. So haben Sie noch alles gut im Gedächtnis und können für sich wertvolle Nacharbeit durch Reflexion und eventuelle Verbesserungen leisten.

CHECKLISTE: Persönliche Beobachtungen – Moderator/Moderatorin

Verteilen Sie den Bogen für Ihre Teilnehmenden vor dem Meeting; die Punkte können diese dann schon während des Meetings beurteilen.

CHECKLISTE: Persönliche Beobachtungen – Teilnehmende

Beispiel für einen Interviewleitfaden – Sie können das Interview anpassen oder ergänzen, je nachdem, welche Aspekte der Meetingqualität Sie besonders interessieren.

Interviewleitfaden zur Bewertung der Meetingqualität

Führen Sie ein Interview sowohl mit einem Meetingteilnehmer/einer Meetingteilnehmerin als auch mit dem Moderator oder der Moderatorin.

Bitte zeichnen Sie Ihr Gespräch auf oder schreiben Sie mit.

Die folgenden Fragen dienen als Orientierung; Sie können aber auch eigene Fragen stellen oder auf die Antworten des oder der Befragten eingehen.

Das Gespräch sollte ca. 15 bis 30 Minuten dauern.

„Ich freue mich, dass Sie bereit sind, mir einige Fragen zu dem soeben beendeten Meeting zu beantworten. Bitte seien Sie ehrlich und antworten Sie spontan – Ihre Antworten helfen uns, die Qualität unserer Meetings zu verbessern, und werden selbstverständlich vertraulich behandelt. Die Ergebnisse der Interviews werden anonymisiert ausgewertet.

Und hier die Fragen:

1. Wie würden Sie das Ziel des Meetings beschreiben? War es für Sie klar und relevant?
2. Wie fanden Sie die Agenda des Meetings? War sie für Sie sinnvoll und strukturiert?
3. Wie fanden Sie die Moderation des Meetings? War sie für Sie kompetent und souverän?
4. Wie fanden Sie das Zeitmanagement des Meetings? War es für Sie effizient und respektvoll?
5. Wie fanden Sie die Interaktion im Meeting? War sie für Sie interaktiv und förderlich?
6. Wie fanden Sie die Ergebnisse des Meetings? Waren sie für Sie konkret und nützlich?
7. Wie fanden Sie die Entscheidungen des Meetings? Waren sie für Sie klar und verbindlich?
8. Wie fanden Sie die Maßnahmen des Meetings? Waren sie für Sie konkret und nachvollziehbar?
9. Wie fanden Sie die Erwartungen und Bedürfnisse der Teilnehmenden? Wurden sie für Sie erfüllt?
10. Wie fanden Sie das Meeting insgesamt? War es für Sie zufriedenstellend und produktiv?

Vielen Dank für Ihre Teilnahme an dem Meeting und an dem Interview.“

Schritt 3: Auswertung

In dieser Phase analysieren Sie die Daten, die Sie für die Bewertung der Meetingqualität gesammelt haben. Sie nutzen verschiedene Methoden, z. B. Statistiken, Grafiken, Tabellen oder Berichte, um die Stärken, Schwächen, Potenziale, Probleme, Fehler und Erfolge der Meetings zu identifizieren, zu verstehen und zu erklären.

Sie erstellen einen Auditbericht, der die wichtigsten Erkenntnisse, Einsichten und Empfehlungen für die Optimierung der Meetings enthält.

Die Auswertung ist eine wesentliche Phase für den Erfolg des Meetingaudits, denn sie schafft die Grundlage für das Lernen, die Entwicklung und die Verbesserung der Meetings.

Die Auswertung sollte ca. zwei bis vier Wochen nach dem Ende der Durchführung abgeschlossen sein.

Schritt 4: Umsetzung

In dieser Phase setzen Sie die Empfehlungen, die Sie für die Optimierung der Meetings erhalten haben, in die Praxis um. Sie nutzen verschiedene Methoden, z. B. Experimentieren, Variieren, Anpassen, Optimieren, Innovieren, um die Meetings zu gestalten, zu verändern und zu verbessern.

Sie überprüfen die Wirksamkeit, die Nachhaltigkeit und die Zufriedenheit der umgesetzten Maßnahmen. Die Umsetzung ist eine zentrale Phase für den Erfolg des Meetingaudits, denn sie zeigt die Wirkung, den Nutzen, den Erfolg der Meetings.

Die Umsetzung sollte ca. acht bis zwölf Wochen nach dem Ende der Auswertung abgeschlossen sein.

Die Verantwortung für die Umsetzung liegt bei den Meetingteilnehmenden, die über die nötigen Kompetenzen, Ressourcen und Befugnisse verfügen (eine oder auch mehrere Personen). Die Meetingteilnehmenden können von internen oder externen Expertinnen und Experten, z. B. Beratern, Coaches oder Trainerinnen, begleitet werden.

Im Downloadbereich finden Sie eine Checkliste, in der alle Schritte noch einmal übersichtlich zusammenfasst sind.

CHECKLISTE: Ablaufplan Meetingaudit

Ein Meetingaudit ist eine Methode, die Ihnen hilft, Ihre Meetings besser zu machen. Es ist eine Investition, die sich lohnt, denn sie bringt Ihnen viele Vorteile:

- Sie sparen Zeit, Geld und Nerven, indem Sie ineffiziente, unproduktive und frustrierende Meetings vermeiden oder reduzieren.
- Sie steigern Ihre Produktivität, Kreativität und Innovation, indem Sie effiziente, produktive und zufriedenstellende Meetings gestalten und durchführen.
- Sie fördern Ihre Kommunikation, Zusammenarbeit und Kultur, indem Sie interaktive, förderliche und angenehme Meetings erleben und schaffen.
- Sie erhöhen Ihre Leistung, Ihren Erfolg und Ihre Zufriedenheit, indem Sie konkrete, nützliche und verbindliche Ergebnisse, Entscheidungen und Maßnahmen aus Ihren Meetings erzielen und umsetzen.

Ein Meetingaudit ist also eine Chance, die Sie nutzen sollten, denn es bietet Ihnen viele Möglichkeiten:

- Sie lernen, wie Sie Ihre Meetings planen, durchführen, auswerten und verbessern können, indem Sie systematisch, strukturiert und standardisiert vorgehen.
- Sie erhalten ein objektives, konstruktives und nützliches Feedback zu Ihren Meetings, indem Sie verschiedene Methoden, z. B. Fragebögen, Beobachtungen, Interviews, Protokolle, anwenden.
- Sie erkennen Ihre Stärken, Schwächen, Potenziale und Probleme in Ihren Meetings, indem Sie verschiedene Methoden, z. B. Statistiken, Grafiken, Tabellen, Berichte, nutzen.
- Sie entwickeln Ihre Fähigkeiten, Kompetenzen und Verhaltensweisen in Ihren Meetings, indem Sie verschiedene Methoden, z. B. Experimentieren, Variieren, Anpassen, Optimieren, Innovieren, einsetzen.

Ein Meetingaudit ist also eine Herausforderung, die Sie annehmen sollten, denn es erfordert von Ihnen einige Anstrengungen:

- Sie müssen die Verantwortung für die Qualität Ihrer Meetings übernehmen, indem Sie sich selbst und andere kritisch hinterfragen, reflektieren und bewerten.
- Sie müssen die Bereitschaft für die Verbesserung Ihrer Meetings zeigen, indem Sie sich offen und ehrlich mit den Ergebnissen des Meetingaudits auseinandersetzen, diese diskutieren und akzeptieren.
- Sie sind motiviert für die Veränderung Ihrer Meetings, indem Sie sich aktiv und engagiert an den Maßnahmen des Meetingaudits beteiligen, diese umsetzen und überprüfen.

Ein Meetingaudit ist eine Methode, eine Chance, eine Herausforderung, die Sie nicht verpassen sollten, denn es macht Ihre Meetings besser. Und bessere Meetings machen Ihr Unternehmen besser. Also, worauf warten Sie noch? Führen Sie ein Meetingaudit durch und machen Sie den Unterschied!

Ihr Meetingaudit hat ergeben, dass in Ihrem Unternehmen zu viele Meetings abgehalten werden? Dass Ihre Meetings zu lange dauern? Dass Sie die falschen Teilnehmenden einladen? Oder dass die Moderation nicht gut durch die Meetings führt? Dann sind die nächsten Kapitel genau richtig für Sie: Hier erfahren Sie alles, was Sie für eine Optimierung und dadurch effektivere Gestaltung Ihrer Meetings benötigen. Beginnen wir gleich mit der Vorbereitung Ihres Meetings und hier mit der Auswahl der richtigen Teilnehmenden.

2

Die Meeting-vorbereitung

„Ist dieses Meeting überhaupt nötig?“

Begleiten Sie mich gedanklich zurück zu meinem ersten Job Anfang der 1990er-Jahre. Noch gibt es nur an den wenigsten Arbeitsplätzen PCs – angeschlossen an die AS-400-Anlage von IBM: ein schwarzer Bildschirm mit grüner Schrift! –, es gibt keine Handys und keine diversen digitalen Helferlein.

Mein erster Chef, Verkaufsleiter bei Coca-Cola mit ca. zehn Mitarbeitenden, hat jedoch seine ganz eigene Art, sich auf seine Meetings vorzubereiten. Auf seinem riesigen Schreibtisch stehen verschiedene beschriftete Körbchen. Eines dieser Körbchen trägt den Namen „Verkäuferbesprechung“ (von Meetings ist noch keine Rede, es sind alles „Besprechungen“, und „Agenda“ heißt noch „Besprechungspunkte“). Dieses Körbchen füllt er immer mit Zetteln, auf denen er die Punkte notierte, die er für die nächste Besprechung interessant findet – mal sind es kleine Notizzettel, mal auch ganze DIN-A4-Seiten. Dort kommt alles hinein, was für ihn wichtig ist. Am Tag vor der Besprechung nimmt er sich das Körbchen vor und sortiert den Inhalt. Er hat sein eigenes analoges System für die Vorbereitung seiner Besprechungen – und es funktioniert. „50 Prozent des Erfolges ist die Vorbereitung“, sagt er immer.

Kommen wir wieder zurück ins Heute: Ist dieser Satz eine Weisheit, die in der heutigen schnellen, komplexen und digitalisierten Welt nicht mehr zählt? (Haben Sie das Fragezeichen gesehen? Es kann nicht groß genug sein!)

Doch, sie zählt noch! Als Vertriebler weiß man eine gute Gesprächsvorbereitung zu schätzen: Was ist der Bedarf meines Kunden? Was sind seine Einwände oder gar Vorwände? Was sind die Argumente auf meiner Seite? Wie stelle ich meine Vorteile so dar, dass der Preis keine Rolle spielt?

Fragen über Fragen, die wir uns auch heute in einer vertrieblichen Kundengesprächsvorbereitung stellen und auf die wir Antworten haben müssen. Denn der Kunde wird die Fragen schon stellen, und wenn wir darauf keine Antwort wissen ... Ich durfte schlechte Vorbereitung am eigenen Leibe spüren, denn ich hatte die Antworten nicht parat und das Gespräch lief nicht in die von mir gewünschte Richtung. Ich fuhr ohne Erfolg vom Kunden weg. Eine zweite Chance erhält man nur im günstigsten Fall.

Auch Führungskräfte müssen Gespräche vorbereiten, z. B. die regelmäßigen Mitarbeitergespräche. Will die Mitarbeiterin eine Gehaltserhöhung, eine andere Rolle im Team, mehr Verantwortung? Verantwortliche aus dem HR-Bereich bereiten sich auf einen Bewerber vor. Sie lesen die Vita, schauen sich in den sozialen Medien um und machen sich kundig über den Menschen, der sich für ihr Unternehmen interessiert. Der Finanzbereich bereitet sich auf Gespräche mit der Steuerberaterin, der Prüfungsgesellschaft oder dem Finanzamt bei Prüfungen vor. In den meisten Fällen ist es ein Automatismus – man bereitet sich auf das bevorstehende Gespräch vor.

Wie aber sieht es mit der Vorbereitung auf ein Meeting aus? Nun mal Hand aufs Herz: Wie viel Zeit investieren Sie dafür? Nehmen Sie sich für Ihre Meetingvorbereitung auch so viel Zeit wie für ein Mitarbeitergespräch?

Dieses Kapitel ist ein Plädoyer für eine gute Meetingvorbereitung – nehmen Sie sich im Vorfeld genug Zeit, um Ihre Mitarbeitenden gut und effektiv durch eine „Besprechung" zu führen. Sammeln Sie wie mein erster Chef Ihre Gedanken und Fragen, machen Sie sich Notizen und „sortieren Sie sich".

Bevor wir zur eigentlichen Vorbereitung des Meetings kommen, sollten Sie sich jedoch vor jedem Meeting *die* entscheidende Frage stellen:

„Ist dieses Meeting nötig?"

Berufen Sie kein Meeting ein, einfach um ein Meeting zu haben. Überlegen Sie ehrlich: Ist es überhaupt notwendig, ein Meeting durchzuführen? Müssen Sie Ihre Mitarbeitenden denn aus ihrem Arbeitsalltag herausholen? Gibt es Alternativen zu einem Meeting? Reicht vielleicht ein Telefonat aus, um die erforderlichen Informationen zu erhalten? Erfüllt eine E-Mail mit Informationen an die Gruppe den gleichen Zweck? Oder ein anschauliches Video?

Wir vergessen häufig, dass Meetings zeit- und kostenintensiv sind. Sie belasten die tägliche Arbeitsroutine der Teilnehmenden und sie müssen ihren Arbeitstag um das Meeting herum planen. Sie sollten sich somit im Vorfeld klar werden, welchen Zweck das Meeting erfüllen soll: Kann dieses Meeting helfen, das Ziel zu erreichen? Steigere ich die Motivation meiner Mitarbeitenden durch dieses Meeting? Kann dieses Meeting meine Mitarbeitenden inspirieren? Welche Ergebnisse erwarte ich von diesem Meeting?

Wägen Sie immer zuerst ab, ob der Nutzen, der Gewinn, den Sie durch dieses Meeting erzielen, höher ist als die Kosten, die durch dieses Meeting verursacht werden. Das gilt für Ihre Teilnehmenden und auch für Sie: Auch Sie investieren viel Zeit in die Meetingvorbereitung und -durchführung. Auch Sie können Ihre tägliche Arbeitsroutine nicht fortführen. Auch bei Ihnen laufen E-Mails auf und Kundinnen rufen an.

CHECKLISTE: Macht das Meeting Sinn?

Haben Sie sich bewusst dazu entschieden, das Meeting durchzuführen, steigen wir nun in die Meetingvorbereitung ein.

Meine Meetingvorbereitung besteht aus vier Punkten, die ich Ihnen nun vorstelle. Am Ende dieses Hauptkapitels werden Sie eine Kaskade sehen, die sich aus den Punkten der Meetingvorbereitung ergibt und die Sie für Ihre eigene Vorbereitung nutzen und anwenden können.

Meine vier Punkte der Meetingvorbereitung:

1. Das Ziel des Meetings (inkl. Agenda)
2. Die Teilnehmenden des Meetings
3. Zeitpunkt, Dauer und Ort des Meetings
4. Das Drehbuch des Meetings

VIDEO: Meetingvorbereitung – Interview mit Martin Sänger

Das Ziel des Meetings

„Liebe Mitarbeiterinnen und Mitarbeiter, ich freue mich, heute mit Ihnen über die Ziele in unserem Unternehmen sprechen zu dürfen. Sie wissen, dass wir viele Ziele haben, die uns antreiben, begeistern und leiten: Wir wollen mehr Geld verdienen, mehr Kunden gewinnen und mehr Qualität liefern. Wir haben Ziele für unsere Produktion, unseren Vertrieb und unseren Einkauf. Wir arbeiten schon lange und erfolgreich mit Zielen.

Aber warum sind Ziele so wichtig für uns? Was bringen sie uns? Und wie können wir sie am besten formulieren und erreichen?

Ziele sind die Ergebnisse, die wir in einer bestimmten Zeit erreichen wollen. Sie zeigen uns, wohin wir gehen, wie wir dorthin kommen, warum wir dorthin gehen und wann wir ankommen. Ziele können sich auf verschiedene Bereiche unseres Geschäftslebens beziehen, wie zum Beispiel auf unsere Finanzen, unser Marketing, unsere Produktion, unsere Qualität, unsere Kundenzufriedenheit oder unsere Mitarbeiterentwicklung. Ziele sollten möglichst klar, konkret, messbar, akzeptiert, relevant und terminiert sein, um die Erfolgschancen zu erhöhen. Ziele können auch in verschiedene Ebenen unterteilt werden, zum Beispiel in Unternehmensziele, Abteilungsziele, Teamziele oder individuelle Ziele, die zusammenhängen und übereinstimmen sollten. Ziele sind wichtig, um die Richtung, den Fokus, die Motivation und die Leistung eines Unternehmens oder einer Einzelperson zu bestimmen und zu verbessern.

Ziele sind auch wichtig für uns aus verschiedenen Gründen, die mit unserer Motivation, unserem Wohlbefinden und unserer Entwicklung zu tun haben. Hier sind einige der wichtigsten Gründe, warum wir Ziele brauchen:

Sie helfen uns, unsere Fähigkeiten weiterzuentwickeln, und sie motivieren uns, etwas zu tun, das uns wichtig ist, und uns Herausforderungen zu stellen, die uns wachsen lassen. Indem wir uns Ziele setzen, die uns fordern, aber nicht überfordern, können wir unser Potenzial entfalten und neue Fertigkeiten erlernen. Ziele helfen uns auch, unser Selbstvertrauen und unser Selbstwertgefühl zu stärken, indem wir unsere Fortschritte erkennen und unsere Erfolge würdigen.

Ziele schaffen Klarheit und Fokussierung in unserem Bewusstsein und Unterbewusstsein. Sie helfen uns, uns auf das Wesentliche zu konzentrieren und uns von Ablenkungen zu befreien. Indem wir uns Ziele setzen, die uns begeistern, können wir unsere Energie und unsere Aufmerksamkeit auf das richten, was wir wirklich wollen.

Ziele helfen uns auch, positive Dinge anzuziehen, sowohl für uns selbst als auch für unser Umfeld. Indem wir uns Ziele setzen, die uns glücklich machen, können wir unsere Stimmung und unsere Lebensfreude verbessern und andere Menschen positiv beeinflussen.

Ziele geben unserem Handeln Richtung und Sinn. Sie helfen uns, unsere Werte und Visionen zu verwirklichen und einen Beitrag zu leisten. Indem wir uns Ziele setzen, die uns erfüllen, können wir unser Leben nach unseren Vorstellungen gestalten und unsere Leidenschaften ausleben. Ziele helfen uns auch, unseren Erfolg zu messen und zu feiern. Indem wir uns Ziele setzen, die uns wichtig sind, können wir unsere Leistung und unsere Ergebnisse bewerten und unsere Erfolge mit anderen teilen.

Ziele sind eine Grundvoraussetzung für Selbstbestimmung. Sie verhindern, dass wir zum Spielball von anderen Menschen, Organisationen oder Ideologien werden. Indem wir uns Ziele setzen, die uns entsprechen, können wir unsere eigenen Entscheidungen treffen und unser Leben nach unseren Wünschen gestalten. Ziele helfen uns auch, unsere Grenzen zu setzen und zu verteidigen. Indem wir uns Ziele setzen, die uns respektieren, können wir unsere Bedürfnisse und unsere Rechte wahren und unsere Meinung äußern.

Ich bin stolz auf unsere Ziele in unserem Unternehmen. Ich bin stolz auf Sie, liebe Mitarbeiterinnen und Mitarbeiter, die Sie jeden Tag hart arbeiten, um unsere Ziele zu erreichen. Ich bin stolz auf uns, liebe Kolleginnen und Kollegen, die wir gemeinsam ein starkes und erfolgreiches Team bilden. Ich bin stolz auf unser Unternehmen, das wir zu einem führenden und innovativen Unternehmen in unserer Branche gemacht haben.

Ich danke Ihnen für Ihre Aufmerksamkeit und Ihre Unterstützung. Ich freue mich auf unsere weitere Zusammenarbeit und unsere gemeinsamen Erfolge.“

Wahrscheinlich haben viele von uns schon eine solche oder ähnliche Rede gehalten, auf einer Betriebsversammlung oder auf einer Abteilungsversammlung, zur Weihnachtsfeier oder zum Firmenjubiläum. Über Ziele zu sprechen ist Tagessprache für uns geworden. Im obigen Text übrigens 33-mal. Um Dinge und deren Wichtigkeit zu betonen, benutzen wir Wörter öfter. Wie oft haben Sie das Wort „Ziel“ heute benutzt? Falls Sie es nicht wissen, so können Sie es ja morgen mal zählen.

„Absatzziel“, „Umsatzziel“, „Finanzziel“ usw. sind ständige Begleiter in unserem täglichen Sprachgebrauch. Das Wort „Meetingziel“ ist hingegen ein Exot, es wirkt ungewöhnlich, fremd, ausgefallen und bizarr. Dieses Wort existiert nicht in unserem Sprachgebrauch, und es existiert nicht auf 99 Prozent der Agenden. Und so sitzen wir in Meetings, arbeiten die Agenda ab – und da wir kein Ziel haben, können wir mit dem Meeting auch auf kein Ziel einzahlen.

Wenn Menschen nicht wissen, worauf ihr Tun einzahlt, ist das ein großer Frustrationspunkt. Viele von uns sitzen mehrere Stunden pro Woche in Meetings und wissen nicht, worauf das Besprochene des jeweiligen Meetings einzahlt. Liebe Moderatorinnen und Moderatoren, liebe Führungskräfte – seien Sie sich dieses Punktes sehr bewusst!

Die Formulierung des Meetingziels

Schreiben Sie Ihr Meetingziel in dem Stil, den Sie für richtig erachten. Bedenken Sie aber, welche Wirkung Ihre Formulierung haben kann. Anbei ein Beispiel eines Meetingziels. Beide Sätze haben das gleiche inhaltliche Ziel, nämlich die Verzögerung des Projekts X zu analysieren und einen Aktionsplan zu erstellen, um das Projekt bis zum 31. Dezember 202X abzuschließen. Die Unterschiede liegen in der Formulierung und dem „Tonfall" der Sätze.

Ein offiziell gehaltenes Ziel:
„Das Ziel dieses Meetings ist es, die Ursachen für die Verzögerung des Projekts X zu identifizieren und einen Aktionsplan zu erstellen, um das Projekt bis zum 31. Dezember 202X abzuschließen."

Das gleiche Ziel mit Inspiration:
„Wir haben ein großartiges Projekt X vor uns, das uns viele Möglichkeiten bietet, unsere Fähigkeiten und unser Wissen zu zeigen. Leider sind wir etwas hinter den Zeitplan geraten, aber das ist kein Grund zur Sorge. Wir können das Problem gemeinsam lösen, indem wir die Gründe für die Verzögerung herausfinden und einen effektiven Aktionsplan erstellen, um das Projekt bis zum 31. Dezember 202X erfolgreich abzuschließen. Ich bin sicher, dass wir das schaffen, wenn wir alle an einem Strang ziehen und unser Bestes geben."

Vergleich der beiden Einladungen:

	Einladung 1	**Einladung 2**
Projektname	Projekt X	ein großartiges Projekt X
Problem	Verzögerung	etwas hinter den Zeitplan geraten
Lösung	Die Ursachen identifizieren und einen Aktionsplan erstellen	die Gründe für die Verzögerung herausfinden und einen effektiven Aktionsplan erstellen
Frist	31. Dezember 202X	31. Dezember 202X
Teamarbeit	implizit	explizit (wir ziehen alle an einem Strang)
Selbstvertrauen	implizit	explizit (ich bin sicher, dass wir das schaffen)

Aus beiden Zielformulierungen können die Meetingteilnehmenden klar und eindeutig für sich ableiten:

Sie sollen sich auf das Projekt X konzentrieren und die relevanten Informationen und Daten bereitstellen, die zur Identifizierung der Ursachen für die Verzögerung benötigt werden – sich also über den aktuellen Stand und die Herausforderungen des Projekts informieren.

Sie sollen aktiv an der Erstellung eines Aktionsplans mitwirken, der realistisch, effektiv und umsetzbar ist, um das Projekt bis zum 31. Dezember 202X abzuschließen – also eigene Ideen und Vorschläge für die Verbesserung und Umsetzung des Projekts entwickeln.

Sie sollen eine positive und konstruktive Einstellung zum Projekt zeigen und bereit sein, ihre Fähigkeiten und ihr Wissen einzubringen – also konstruktiv und kollaborativ sein und eine positive und motivierende Haltung zum Projekt zeigen.

Um Ihr Meetingziel zu formulieren, können Sie gut die SMART-Methode nutzen:

Machen Sie Ihr Meetingziel:

SPEZIFISCH	Projekt X
MESSBAR	31.12.202X
ANSPRUCHSVOLL	Bug im Prozess muss gefixt werden
REALISTISCH	Das Projekt läuft bereits.
TERMINIERT	Versand eine Woche vor dem Meeting

Für Sie als Moderator oder Moderatorin bietet die Formulierung eines Meetingziels wichtige Vorteile:

- Dadurch, dass Sie ein Ziel für das Meeting klar formuliert haben, können Sie Redebeiträge, die nicht auf das Meetingziel einzahlen, umgehend unterbinden: „Zahlt dein Redebeitrag auf das Ziel des Meetings ein? Wenn nein, dann komm gerne nach dem Meeting zu mir und wir schauen, wann wir deinen Punkt besprechen." Monologe der Teilnehmenden können so schnell unterbunden werden. Das schützt Sie zwar nicht vor themenbezogenen, aber immerhin vor nicht themenbezogenen Endlosdiskussionen. Und damit sind Sie und die Teilnehmenden schon mal einen großen Schritt weiter.

- Ein weiterer Vorteil eines klar formulierten Meetingziels ist, dass Sie die Teilnehmenden besser motivieren und aktivieren können. Wenn alle wissen, was das Ziel des Meetings ist, warum es wichtig ist und wie es erreicht werden soll, können sie sich besser darauf vorbereiten und engagieren. Sie können ihre eigenen Ideen und Meinungen einbringen, die zum Ziel beitragen, und sich konstruktiv an der Diskussion beteiligen. Sie können auch leichter Feedback geben und erhalten, was ihnen hilft, ihre Leistung zu verbessern und ihre Zufriedenheit zu erhöhen. Sie fühlen sich mehr wertgeschätzt und respektiert, wenn sie sehen, dass ihr Beitrag zum Meetingziel zählt.

- Schließlich hilft Ihnen ein klar formuliertes Meetingziel, die Effektivität und die Qualität des Meetings zu steigern. Wenn Sie das Ziel des Meetings vorher festlegen, können Sie auch die Agenda, die Teilnehmenden, die Dauer, die Methoden und die Materialien des Meetings besser planen. Sie können sicherstellen, dass alle relevanten Themen und Aspekte abgedeckt werden, dass alle notwendigen Informationen und Ressourcen vorhanden sind, dass alle geeigneten Personen eingeladen sind, dass die Zeit optimal genutzt wird und dass die passenden Werkzeuge und Techniken angewendet werden. Sie können auch leichter die Ergebnisse und die Erfolge des Meetings messen und dokumentieren, indem Sie sie mit dem Ziel vergleichen.

- Für Sie als Moderator oder Moderatorin bietet die Formulierung eines Meetingziels eine gute Möglichkeit, Ihre Führungsqualitäten zu zeigen und zu verbessern. Wenn Sie ein klares Ziel für das Meeting haben, können Sie auch eine klare Vision und Strategie für das Projekt oder die Organisation vermitteln. Sie können die Teilnehmenden inspirieren und begeistern, ihnen Orientierung und Sicherheit geben, ihnen Vertrauen und Verantwortung übertragen, sie fördern und fordern, und sie zu einem Team zusammenführen. Sie können auch Ihre eigenen Kompetenzen und Fähigkeiten weiterentwickeln, wie zum Beispiel Kommunikation, Organisation, Moderation, Konfliktlösung, Kreativität und Entscheidungsfindung.

- Für die Teilnehmenden bietet die Formulierung eines klaren Meetingziels eine Gelegenheit, ihre Persönlichkeit und ihre Potenziale zu entfalten und zu nutzen. Wenn sie ein klares Ziel für das Meeting haben, können sie auch ihre eigenen Ziele und Interessen verfolgen und integrieren. Sie können ihre Stärken und Schwächen erkennen und ausgleichen, ihre Lern- und Entwicklungsmöglichkeiten wahrnehmen und nutzen, ihre Selbstständigkeit und Selbstwirksamkeit erhöhen, ihre Identität und Individualität ausdrücken und bewahren und ihre Zugehörigkeit und Gemeinschaft erleben und gestalten.

- Insgesamt kann durch die Formulierung eines klaren Meetingziels die Qualität und die Nachhaltigkeit des Meetings gesichert und erhöht werden. So kann das Meeting einen klaren Mehrwert und Nutzen für das Projekt oder die Organisation schaffen und liefern. Es kann die Effizienz und die Effektivität des Arbeitsprozesses verbessern, die Innovation und die Qualität der Arbeitsergebnisse fördern, die Zufriedenheit und die Loyalität der Kunden und Stakeholder steigern, die Reputation und die Attraktivität der Organisation erhöhen und die Wettbewerbsfähigkeit und die Zukunftsfähigkeit der Organisation sichern.

Wie Sie sehen, hat die Formulierung eines Meetingziels viele positive Effekte für Sie als Moderator oder Moderatorin, für die Teilnehmenden und für das Meeting selbst. Es lohnt sich also, sich die Zeit zu nehmen, um ein Ziel für jedes Meeting zu definieren, das Sie leiten oder an dem Sie teilnehmen. Damit machen Sie Ihre Meetings produktiver, effektiver und angenehmer.

Unternehmensziele auf Meetingziele herunterbrechen

Für viele am Meeting Teilnehmenden ist es nicht ersichtlich, auf welches Unternehmensziel das Thema des Meetings einzahlt. Ich teile dieses Empfinden. Das sorgt oft für große Verunsicherung und verwirrt. Unternehmensziele und Meetingziele laufen in der Wahrnehmung nebeneinander und gefühlt haben die Mitarbeitenden dann noch mehr Aufgaben. Es fehlt die Verknüpfung zur Strategie und Vision des Unternehmens.

Als Moderator oder Moderatorin haben Sie mit der Formulierung Ihres Meetingziels die Chance, genau diesen Link zwischen Strategie und Vision des Unternehmens und der täglichen Arbeit zu gestalten. Nutzen Sie Ihre Meetings, dieses zu erläutern. Die Unternehmensziele, die Vision und die Strategie sind für die Teilnehmenden dann nicht mehr abstrakt, sondern Teil Ihrer täglichen Arbeit. Sie können die Verbindung nachvollziehen und wissen, auf welches höhere Ziel das Meeting einzahlt. Nutzen Sie die Agendapunkte (gleich mehr dazu) zur Erläuterung dieser Verbindung.

Ein Beispiel für ein **Teammeeting am 15. Dezember 202x** veranschaulicht das:

BEISPIEL.
Ziel des Meetings: Die Leistung des Teams im letzten Quartal bewerten und die Ziele und Pläne für das nächste Quartal festlegen
Unternehmensziel: Absatzsteigerung um 3 Prozent im nächsten Jahr

Nutzen Sie die Agendapunkte zur Erläuterung:
- Präsentieren Sie die wichtigsten Kennzahlen und Erfolge des Teams im letzten Quartal.
- Analysieren Sie die Herausforderungen und Verbesserungsmöglichkeiten
- Holen Sie Feedback und Anregungen der Teilnehmenden ein.

Zeigen Sie die Verbindung zum Unternehmensziel:
Bewerten Sie die Teamleistung transparent und objektiv, um die Stärken zu nutzen und die Schwächen zu beheben. Dies fördert die Motivation und die Lernbereitschaft des Teams und trägt zur Erreichung des Absatzziels bei.

- Stellen Sie die neuen Initiativen und Projekte, die das Team im nächsten Quartal umsetzen soll, vor.
- Erläutern Sie die Ziele, Strategien und Zeitpläne für jede Initiative oder jedes Projekt.
- Klären Sie die Rollen und Verantwortlichkeiten der Teilnehmenden.
- Beantworten Sie die Fragen und Bedenken der Teilnehmenden.

Zeigen Sie die Verbindung zum Unternehmensziel:
Die neuen Initiativen und Pläne sind darauf ausgerichtet, die Produktivität, die Qualität und die Kundenzufriedenheit zu erhöhen. Dies unterstützt das Absatzziel, indem es die Wettbewerbsfähigkeit und die Attraktivität des Unternehmens steigert.

Die Agenda des Meetings

Nachdem Sie das Meetingziel formuliert haben, ist die Agenda das wichtigste Mittel, Ihr Ziel zu kommunizieren. Räumen Sie diesem Punkt viel Platz ein.

Sie finden im Internet viele Vorlagen für eine Agenda, oder vielleicht hat Ihr Unternehmen eine unternehmensinterne Vorlage. Prüfen Sie Ihre Vorlage daraufhin, ob das Ziel des Meetings damit erreicht werden kann.

Ihre Agenda sollte die folgenden Bausteine enthalten:

1. Meetingziel
Stellen Sie dieses prominent heraus und erklären Sie es. Nutzen Sie Formatierungen, um Wörter und Sachverhalte klar und eindeutig herauszustellen. Die Teilnehmenden müssen wissen, warum das Meeting einberufen wird und auf welches Ziel es einzahlen soll. Sie wissen, was Sie als Moderator oder Moderatorin von ihnen erwarten, und können sich bereits im Vorfeld auf das Ziel einstellen und fokussieren und ihre eigene Meetingvorbereitung entsprechend darauf ausrichten.

2. Agendapunkte
Aus dem von Ihnen formulierten Ziel gehen die Agendapunkte hervor. Somit sollten auch nur die auf das Ziel einzahlenden Punkte auf Ihrer Agenda Platz finden. Punkte, die nicht auf das Ziel des Meetings einzahlen, haben auf dieser Agenda nichts zu suchen.

Häufig finden wir Agenden mit zehn, 15 oder gar 20 Agendapunkten. Viele dieser Punkte zahlen nicht auf das Ziel des Meetings ein – falls überhaupt ein Ziel formuliert wurde. Eine Faustregel für die Anzahl an Agendapunkten lautet:

Pro 60 Minuten Meeting drei bis maximal fünf Agendapunkte!

Diese Anzahl gibt Ihnen genügend Zeit, jeden einzelnen Punkt zu besprechen, und den Teilnehmenden genügend Zeit, sich im Vorfeld auf jeden Punkt vorzubereiten. Somit überfordern Sie weder sich noch die Teilnehmenden. Und bitte: Mit drei Agendapunkten meine ich *nur* drei Agendapunkte und nicht drei Agendapunkte mit jeweils vier Unterpunkten.

Vermerken Sie zu jedem Agendapunkt die Verantwortlichen. Dieses hilft Ihnen nicht nur bei der Diskussion im Meeting, sondern vor allen Dingen im Nachgang des Meetings. Mit einer klaren Festsetzung der Verantwortung können Sie bereits bei der Agenda festlegen, welche Teilnehmenden im Nachgang auch für die Umsetzung der To-dos verantwortlich sind. Das erspart Ihnen vor allem im Meeting die Diskussion darüber, wer was übernehmen soll. Denn meistens haben die Teilnehmenden keine Lust darauf, noch zusätzlich zu ihrer Tagesarbeit Punkte aus dem Meeting zu übernehmen.

Es hilft sowohl dem Ziel des Meetings als auch den Teilnehmenden, wenn Sie bereits auf der Agenda vermerken, **welche Vorbereitung zu jedem Punkt zu erfolgen hat**. Die Teilnehmenden können sich dann gezielt auf diesen Punkt vorbereiten und die Qualität des Meetings erhöht sich entsprechend.

METHODE. Agenda-Flipchart (Online- und Präsenz-Meetings)

„Bei welchem Punkt sind wir gerade?“ Ein simples Flipchart kann allen helfen, Überblick und Orientierung zu geben. Notieren Sie Ihre Agendapunkte auf dem Flipchart (oder wahlweise online auf einem immer für alle einsehbaren Notiztool) und streichen Sie gerade besprochene Punkte jedes Mal mit Nachdruck durch. Sie erzielen mit dieser Methode wesentliche Erfolge: Die Agenda ist präsent im Raum verfügbar, und durch das Streichen der Punkte sehen alle, wie weit das Meeting fortgeschritten ist. Als Moderator oder Moderatorin können Sie langen, ausschweifenden Diskussionen vorbeugen, indem Sie in diesen Momenten auf das Flipchart zeigen und den Teilnehmenden verdeutlichen: „Wollt ihr das Meeting pünktlich enden lassen? Dann lasst uns die Diskussion beenden – wir haben noch Punkt 2 und 3 zu besprechen.“

3. Meetingnachbereitung
Und was passiert nach dem Meeting? Das wird häufig gegen Ende eines Meetings diskutiert und frisst viel Zeit. Doch auch das können Sie mit der Agenda schon im Vorfeld festlegen: Legen Sie fest, wann das Protokoll verteilt wird, wer welche Aufgaben nach dem Meeting übernimmt oder wer als Ansprechpartner für andere Kolleginnen und Kollegen im Hause zur Verfügung steht. Diese Vorgehensweise verschafft Ihnen mehr Zeit für Ihre Agendapunkte in Ihrem Meeting.

„Und sonst?“ Wenn wir diese Frage in einem Gespräch hören, wissen wir doch alle, dass das Gespräch bald vorbei ist. Ähnlich verhält es sich mit dem Punkt **„Sonstiges“** auf Agenden. Eigentlich ist das Meeting vorbei, doch dann kommt noch „Sonstiges“. Ist Sonstiges ein neuer Mitarbeiter, eine neue App, ein neuer Prozess? Oder ist Sonstiges ein Entgegenkommen des Moderators an die Teilnehmenden, nun doch auch was sagen zu dürfen?

Einer der wenigen Punkte, die nicht zu Konflikten bei Meetings führen, ist die **Pausenregelung**. Sie können bereits auf der Agenda Pausen vermerken oder diese spontan im Meeting umsetzen. Ich habe bisher in keinem Meeting einen Konflikt über die Pausenregelung erlebt und gehe somit nicht explizit auf diesen Punkt ein.

CHECKLISTE: Agenda für effektive Meetings

Der Versand der Agenda

Wann ist nun der richtige Zeitpunkt, um die Agenda zu versenden? Verschicken Sie die Agenda nicht zu früh, denn sonst gerät sie in Vergessenheit, und eventuelle

Gedanken, die sich die Adressaten darüber gemacht haben, sind wieder „verflogen". Idealerweise bringen Sie die Agenda eine Woche vor dem Meeting auf den Weg – und zwar aus fünf Gründen:

1. Sie geben den Teilnehmenden so rechtzeitig einen Überblick über die Ziele, Themen und Erwartungen des Meetings, sie können sich vorbereiten, Fragen formulieren und relevante Informationen zusammentragen.
2. Sie steigern die Effizienz und Produktivität Ihres Meetings, wenn alle Teilnehmenden schon im Vorfeld wissen, was besprochen werden soll. Sie können sich auf das Wesentliche konzentrieren, unnötige Diskussionen vermeiden und schneller zu Entscheidungen kommen.
3. Sie steigern die Kommunikation und Zusammenarbeit zwischen den Teilnehmenden. Wenn die Agenda klar und strukturiert ist, können alle im Meeting ihre Meinung, Ideen und Vorschläge leichter austauschen, Feedback geben und gemeinsam Lösungen finden.
4. Sie verbessern die Verantwortlichkeit und Transparenz Ihres Meetings. Wenn die Agenda die Rollen, Aufgaben und Fristen definiert, können alle ihre Fortschritte und Ergebnisse besser nachverfolgen, dokumentieren und präsentieren.
5. Sie steigern die Zufriedenheit und Motivation Ihrer Teilnehmenden. Wenn die Agenda die Bedeutung und den Nutzen des Meetings für die Teilnehmenden hervorhebt, können sie sich mehr engagieren, gegenseitig wertschätzen und anerkennen.

METHODE. Schriftliche Stellungnahme (Online- und Präsenz-Meetings)

Die schriftliche Stellungnahme dient der Meetingvorbereitung Ihrer eingeladenen Teilnehmenden. Mit Versendung Ihrer Agenda bitten Sie die Teilnehmenden um eine schriftliche Stellungnahme zu den einzelnen Agendapunkten. Die Rückmeldung der Stellungnahme sollte schriftlich erfolgen und Ihnen zwei bis drei Tage vor dem Meeting vorliegen.

So können Sie als Moderator oder Moderatorin die Stellungnahmen Ihrer Teilnehmenden sehen, bewerten und ins Meeting einfließen lassen und erreichen Folgendes:

- Die Teilnehmenden müssen sich frühzeitig mit der Agenda beschäftigen und sind für das Meeting besser vorbereitet.
- Durch die schriftliche Rückmeldung gewährleisten Sie eine qualitative Steigerung der Aussagen und Argumente.
- Introvertierte Menschen haben so die Möglichkeit, ihre Argumente vorzutragen, ohne dass extrovertierte Menschen ihnen ins Wort fallen.

Nicht immer haben Ihre Teilnehmenden ausreichend Zeit, sich vorab mit der Agenda zu beschäftigen. Viele Führungskräfte und Meetingteilnehmende hasten von einem Termin zum nächsten – und das nicht nur an einem Tag in der Woche, zusätzlich zur anfallenden Tagesarbeit und – als Führungskraft – Verantwortung für die Mitarbeitenden.

METHODE. Silent Start (Online- und Präsenz-Meetings)

Mit „Silent Start" etablieren Sie eine Methode, die der Hektik des Arbeitsalltags Rechnung trägt: Statt die Agenda im Voraus zu verschicken, verteilen Sie diese zu Beginn des Meetings und schenken Sie die ersten 30 Minuten Ihres Meetings Ihren Teilnehmenden für eine qualitative Vorbereitung. In dieser Zeit sollen die Teilnehmenden ihre Gedanken in einem zusammenhängenden Text formulieren – das fördert Tiefgang und Qualität, und Aussagen in Überschriftenformat und Phrasen können so umgangen werden. Mit dieser durch Jeff Bezos verbreiteten Methode schenken Sie Ihren Teilnehmenden Zeit für die Vorbereitung und erhalten gleichzeitig Qualität für Ihr Meeting zurück.

Die Teilnehmenden des Meetings

Nachdem Sie ein klares Ziel Ihres Meetings erstellt und die Agendapunkte zur Zielerreichung gefixt haben, machen Sie sich nun Gedanken darüber, die richtigen Teilnehmenden einzuladen.

Die „richtigen" Teilnehmenden

Fragen Sie sich gerade: „Warum soll ich mir Gedanken über die Teilnehmenden machen? Sind das nicht die üblichen?" Weil dem nicht automatisch so sein muss: Nicht alle, die mit dem Thema zu tun haben, müssen auch an dem Meeting teilnehmen. Sie sollten nur diejenigen einladen, die einen wichtigen Beitrag zum Meetingziel leisten können oder die von den Ergebnissen des Meetings direkt betroffen sind.

Das hat mehrere Vorteile:

- **Sie sparen Zeit und Ressourcen.**
  Wenn Sie nur die relevanten Teilnehmenden einladen, reduzieren Sie die Meetingzeit und die Kosten, die mit einem Meeting verbunden sind. Außerdem vermeiden Sie, dass andere Mitarbeitende, die nicht am Meeting teilnehmen, von ihrer Arbeit abgelenkt werden.

- **Sie erhöhen die Effizienz und die Qualität des Meetings.**
  Wenn Sie nur die relevanten Mitarbeitenden einladen, stellen Sie sicher, dass alle, die im Meeting sind, auch wirklich etwas beitragen oder lernen können. Das fördert die Interaktion, die Diskussion und die Entscheidungsfindung im Meeting. Außerdem vermeiden Sie, dass das Meeting durch unwichtige oder irrelevante Themen gestört wird.

- **Sie steigern die Motivation und die Zufriedenheit der Teilnehmenden.**
  Wenn Sie nur die relevanten Mitarbeitenden einladen, zeigen Sie ihnen, dass Sie ihre Meinung und ihre Expertise schätzen. Das erhöht ihr Engagement und ihre Verantwortung im Meeting. Außerdem vermeiden Sie, dass sie sich gelangweilt oder überfordert fühlen.

Folgende Kriterien können zur Entscheidung über die richtigen Teilnehmenden herangezogen werden:

- Wer hat das nötige Wissen, um das Meetingziel zu erreichen?

- Wer ist für die Umsetzung der Meetingergebnisse verantwortlich?
- Wer ist für die Kontrolle der Meetingergebnisse verantwortlich?
- Wer ist von den Auswirkungen der Meetingergebnisse betroffen?
- Wer kann das Meetingziel beeinflussen oder behindern?

Die richtigen Teilnehmenden ergeben sich somit aus dem Meetingziel und der Agenda. Laden Sie nur diejenigen ein, die auf das Ziel des Meetings einzahlen. Alle anderen interessieren sich nicht für die Agendapunkte und haben dann im Meeting auch nichts zu suchen – sie bearbeiten dann sowieso meist nur ihre Mails im Laptop oder Tablet oder öffnen am Montagmorgen die Kicker-App, um den Kommentar zum Schalke-Spiel vom letzten Wochenende zu lesen. Was machen diese Menschen dann in Ihrem Meeting? Sie stören! Die anderen Meetingteilnehmenden fühlen sich gestört, werden abgelenkt, und Sie als Moderator oder Moderatorin müssen eingreifen.

Wie oft habe ich diese Meeting-Spielregel schon gehört oder gelesen: „Tablets und Smartphones bleiben aus!" Haben Sie auch eine solche Regel? Menschen, die interessiert sind, spielen nicht mit dem Tablet, beantworten keine Mails. Diese Menschen sind aktiv bei dem Meeting dabei. Sie wollen mitsprechen und diskutieren. Ich habe über die letzten Jahre viele Menschen, die mit Tablets während des Meetings gespielt haben, im Anschluss gefragt, warum sie das getan haben und was sie stattdessen lieber gemacht hätten. Die überwiegende Antwort war, dass sie lieber in ihrem Büro gewesen wären und ihre Tagesarbeit verrichtet hätten, als bei dem Meeting zu sein.

Steve Jobs von Apple hat mal eine Einladung Barack Obamas zu einem Meeting der CEOs der größten Tech-Unternehmen der USA abgelehnt. Es waren ihm schlichtweg zu viele Teilnehmende beim Meeting. Elon Musk fragt stille Menschen im Meeting, warum sie nichts sagen und warum sie dann in dem Meeting sind, und Jeff Bezos hat bei Amazon die 2-Pizza-Regel aufgestellt: Nie mehr Menschen im Raum, als von zwei Pizzen satt werden. (Die Frage, die noch nicht beantwortet wurde, lautet: Wie groß sind die Pizzen?)

METHODE. 8-Personen-Meeting (Online- und Präsenz-Meetings)

Wie effektiv sind Meetings mit zehn, 15 oder 20 Personen im Raum? Viele haben sich schon mit diesem Thema beschäftigt, gerade in den USA. Die Methode des 8-Personen-Meetings soll angeblich von Google stammen. Sinn und Zweck dieser Methode ist es, die Anzahl der Teilnehmer im Raum auf 8 Personen zu beschränken. Sollte es Teams mit mehr Personen geben, so wird im Vorfeld festgelegt, welcher oder welche der Anwesenden den nicht Anwesenden das Protokoll und die Inhalte des Meetings erläutert.

Viele Manager, Geschäftsführerinnen und Unternehmer machen sich Gedanken über die Anzahl der Teilnehmenden bei Meetings. Es genügt, die richtigen Leute im Raum zu haben. Diese ergeben sich aus Meetingziel und Agenda.

METHODE. Walk-in – Walk-out (Online- und Präsenz-Meeting)

Die „Walk-in-Walk-out"-Methode kann Sie dabei unterstützen, die wichtigen und richtigen Teilnehmenden im Raum zu haben: Laden Sie Teilnehmende nur für die für sie relevanten Themen in den Meetingraum ein. Das Walk-in! Ist der Agendapunkt dann besprochen und einige Teilnehmende werden nicht mehr benötigt, sollten diese den Raum auch wieder verlassen können. Das Walk-out!

Mit dieser Methode gewährleisten Sie, dass die für den Besprechungspunkt relevanten Personen im Raum sind, sich auf den wichtigen Punkt fokussieren und konzentrieren und nicht durch andere Personen abgelenkt werden. Die Personen, die nur zeitweise benötigt werden, haben mit dieser Methode die Möglichkeit, ihre normale Tagesarbeit am Arbeitsplatz auszuüben und brauchen deswegen im Meetingraum nicht ihre E-Mails zu bearbeiten oder sonstige Dinge zu tun. Das Walk-in – Walk-out sorgt somit für Klarheit im Meetingraum, für Fokussierung und Konzentration und reduziert die Ablenkung durch andere Teilnehmende.

Es funktioniert sehr gut online sowie in Präsenz-Meetings.

Voraussetzung ist allerdings, dass Sie sich sehr genau an Ihre Agenda halten und schon im Voraus Zeitpunkte definieren, an denen die benötigten Teilnehmenden „einlaufen". Eine Möglichkeit ist, dass Sie die betreffenden Agendapunkte am Anfang oder nach einer Pause ansetzen – dann fügen sich die Neuankömmlinge gleich nahtlos in das Geschehen ein.

Mein Modell der Meetingtypen

Sie kennen das sicher: Sie haben einen Termin für ein Meeting in Ihrem Kalender stehen, doch Sie wissen nicht genau, was Sie dort erwartet. Sie gehen dennoch hin, weil Sie denken, dass es wichtig ist. Dort treffen Sie auf andere Menschen, die auch zu dem Meeting eingeladen sind. Sie sitzen zusammen in einem Raum oder vor einem Bildschirm und reden über ein Thema, das Sie gemeinsam bearbeiten wollen.

Sie hoffen, dass Sie etwas Sinnvolles beitragen können, dass Sie etwas Nützliches erfahren und dass Sie etwas Erfolgreiches erreichen. Sie hoffen, dass Sie Ihre Ziele verfolgen, Ihre Probleme lösen und Ihre Beziehungen pflegen. Sie hoffen, dass Sie eine gute Zeit haben werden.

Aber oft ist das nicht der Fall. Oft sind Meetings alles andere als gut. Oft sind Meetings anstrengend, konfliktreich und frustrierend. Oft sind Meetings Zeit-, Energie- und Geldverschwendung.

Warum ist das so? Warum gibt es solche Unterschiede zwischen Meetings? Warum gibt es gute und schlechte Meetings? Warum gibt es nützliche und nutzlose Meetings? Warum gibt es spannende und langweilige Meetings?

Die Antwort ist einfach: Es liegt an den Menschen, die an den Meetings teilnehmen. Denn die Menschen machen Ihre Meetings aus. Sie bringen ihre Persönlichkeiten, Meinungen und Emotionen mit. Sie bestimmen, wie Ihre Meetings laufen und wie erfolgreich sie sind. Aber die Menschen sind auch das größte Geheimnis Ihrer Meetings, denn natürlich sind nicht alle Menschen gleich: Sie bringen unterschiedliche Voraussetzungen, Erwartungen und Ziele mit ins Meeting. Sie haben unterschiedliche Stärken, Schwächen und Bedürfnisse. Sie zeigen unterschiedliche Verhaltensstile, Kommunikationsweisen und Lernmethoden. Um Ihre Meetings besser zu machen, müssen Sie daher die Menschen in Ihren Meetings kennen und verstehen. Denn je besser Sie Ihre Teilnehmenden kennen und verstehen, desto besser können Sie Ihre Meetings auf sie abstimmen. Und je besser Sie Ihre Meetings auf Ihre Teilnehmenden abstimmen, desto besser werden Ihre Meetings sein.

Aber wie können Sie das schaffen? Wie können Sie die Menschen in Ihren Meetings kennen und verstehen? Wie können Sie die Vielfalt der Menschen in Ihren Meetings berücksichtigen? Wie können Sie die Verschiedenheit der Menschen in Ihren Meetings nutzen?

In diesem Kapitel verrate ich Ihnen, wie Sie das schaffen können. Ich zeige Ihnen vier grundlegende Menschentypen, die Sie in Ihren Meetings treffen können. Diese Typen basieren auf meiner langjährigen Erfahrung als Moderator und Teilnehmer von Meetings. Sie sind ein praktisches Werkzeug, um die individuellen Eigenschaften, Bedürfnisse und Präferenzen Ihrer Teilnehmenden zu erkennen und zu beachten. Sie sind ein hilfreicher Leitfaden, um die Kommunikation, Zusammenarbeit und Leistung Ihrer Teilnehmenden zu fördern.

Aber bevor ich Ihnen diese Typen vorstelle, möchte ich Ihnen noch etwas ans Herz legen: Bitte bedenken Sie, dass jeder Teilnehmer und jede Teilnehmerin wichtig ist und etwas Wertvolles in ein Meeting einbringt. Jeder und jede Ihrer Teilnehmenden verdient Ihre Aufmerksamkeit, Wertschätzung und Unterstützung, denn alle können zum Erfolg Ihres Meetings beitragen. Und das gilt auch für Sie. Denn Sie nehmen nicht nur teil, Sie moderieren auch. Somit sind Sie nicht nur Gast, sondern auch Gastgeber oder Gastgeberin. Sie schauen nicht nur zu, Sie agieren auch. Sie laufen nicht nur mit, Sie sind auch ein Vorbild.

Als Moderator oder Moderatorin haben Sie eine besondere Verantwortung für Ihre Meetings. Sie müssen nicht nur Ihre eigenen Voraussetzungen, Erwartungen und Ziele berücksichtigen, sondern auch die Ihrer Teilnehmenden. Kennen Sie Ihre eigenen Stärken, Schwächen und Bedürfnisse – und kennen Sie auch die Ihrer Teilnehmenden? Sie müssen nicht nur Ihren eigenen Verhaltensstil, Ihre eigene Kommunikationsweise und Ihre eigene Lernmethode anwenden, sondern auch die Ihrer Teilnehmenden. Als Moderator oder Moderatorin müssen Sie Ihren eigenen Typus zurückstellen, um das Meeting zu einem Erfolg zu machen. Sie müssen sich an die Situation, die Aufgabe und die Gruppe anpassen. Flexibel, empathisch und professionell: Sie müssen die Rolle spielen, die das Meeting braucht.

Wie Sie das schaffen können, zeige ich Ihnen in diesem Kapitel. Ich zeige Ihnen, wie Sie Ihren eigenen Typus erkennen und wie Sie ihn in den Dienst Ihres Meetings stellen können, wie Sie die Typen Ihrer Teilnehmenden erkennen und wie Sie mit ihnen umgehen können.

In der folgenden Abbildung sehen Sie eine Übersicht der vier Meetingtypen, die ich in meinen Meetings immer wieder ausmache:

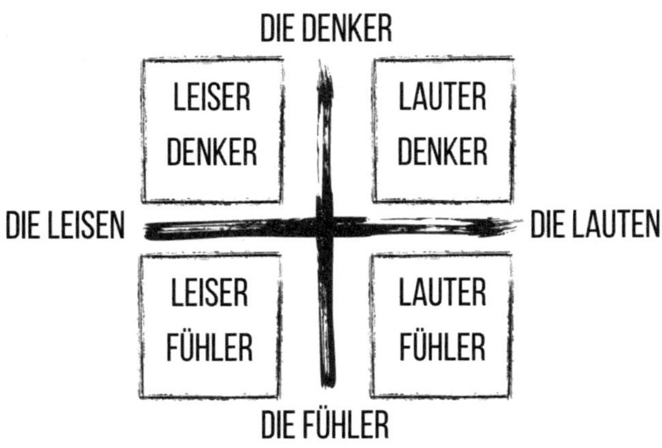

- die Denker
- die Lauten
- die Fühler und
- die Leisen.

Natürlich gibt es diese Typen selten in „Reinform“, doch wenn Sie Ihre zukünftigen Teilnehmenden genauer betrachten, fällt Ihnen sicher auf, dass einer der folgenden Eigenschaften-Cluster oftmals hervorsticht. Betrachten wir also zunächst die Hauptformen, und danach stelle ich Ihnen Varianten vor.

Die Lauten

Stellen Sie sich vor, Sie haben ein Meeting mit jemandem, der immer für gute Laune sorgt, die immer neue Ideen einbringt, der immer den ersten Schritt macht. Mit ihm oder ihr wird es nie langweilig, sondern immer spannend, kreativ und unterhaltsam. Er oder sie kann das Meeting zu einem Erlebnis machen.

So sind die Lauten in meinem Modell, die extrovertierten Menschen, die Ihre Meetings zum Leben erwecken. Sie geben Impulse, machen Meinungen und treffen Entscheidungen. Sie motivieren, inspirieren und führen.

Die Lauten können Ihre Meetings bereichern, denn sie haben viele Stärken:

- Sie sprühen vor Energie, Innovation und Begeisterung, sind positiv, optimistisch und humorvoll, heben die Stimmung und fördern die Kreativität.
- Sie sind selbstbewusst, charismatisch und eloquent, dabei ziehen sie die Aufmerksamkeit auf sich und beeinflussen die Meinungsbildung. In der Wirkung überzeugend, argumentativ und rhetorisch sicher. So beschleunigen sie die Entscheidungsfindung.
- Sie sind enthusiastisch, leidenschaftlich und engagiert, steigern die Motivation und die Leistung. In der Wirkung sind sie mitreißend und ansteckend. Sie sind ehrgeizig, erfolgreich und vorbildlich.

Die Lauten können Ihre Meetings aber auch stören, denn sie haben einige Schwächen:

- Sie sind die Chaos-Maker: Sie sind unübersichtlich, konfliktreich und ineffizient, und dabei sind sie laut, dominant und aggressiv. Sie überstimmen und unterbrechen andere. Sie wirken egoistisch, arrogant und rücksichtslos und ignorieren die anderen Meetingteilnehmenden häufig.

- Sie sind naiv, leichtsinnig und unrealistisch und übersehen Details und verwechseln oder vergessen sie. Manchmal wirken sie verwirrt, inkonsequent und widersprüchlich sowie oberflächlich, ungenau und nachlässig.
- Sie sind dramatisch, panisch und hysterisch, nehmen Kritik persönlich und werden wütend, verärgert und nachtragend. Sie sind beleidigt, verletzt und gekränkt und wirken stur, trotzig und uneinsichtig.

Die Leisen

Stellen Sie sich vor, Sie haben ein Meeting mit jemandem, der immer die Ruhe bewahrt, der immer die Fakten parat hat, der immer Lösungen findet. Mit ihm oder ihr wird es immer sachlich, logisch und effizient, immer klar, strukturiert und zielorientiert, und er oder sie kann das Meeting zu einem Lernprozess machen.

So sind die Leisen in meinem Modell, die introvertierten Menschen, die Ihre Meetings mit Tiefe, Qualität und Ruhe bereichern. Sie beobachten, denken und beraten. Sie lernen, verstehen und verbessern.

Die Leisen können Ihre Meetings verbessern, denn sie haben viele Stärken:

- Sie sind die Quelle der Weisheit, der Klarheit und der Gelassenheit, sind präzise, gründlich und qualitätsbewusst. Sie liefern die Fakten und die Argumente und fördern die Rationalität.
- Sie sind strukturiert und zielorientiert, schaffen Ordnung und Übersicht und fördern die Effizienz. Sie sind organisiert, systematisch und methodisch, planen Schritte und Maßnahmen und fördern deren Umsetzung.
- Sie sind ruhig, besonnen und gelassen, bewahren die Nerven, behalten die Kontrolle und fördern die Stabilität. Sie sind konzentriert, fokussiert und diszipliniert und arbeiten die Aufgaben und Ergebnisse ab.

Die Leisen können Ihre Meetings aber auch behindern, denn sie haben einige Schwächen:

- Sie sind die Mauerblümchen: Sie wirken zurückhaltend, passiv und unscheinbar, fallen nicht auf und melden sich nicht zu Wort. Sie wirken schüchtern, ängstlich und unsicher.
- Sie sind kompliziert, stur und unflexibel und können sich vortrefflich in Details verlieren und Themen verkomplizieren. Sie sind eigensinnig, rechthaberisch und unbelehrbar, denn sie halten an ihren Meinungen und Methoden fest.
- Sie wirken kalt, distanziert und emotionslos, zeigen keine Gefühle und gehen nicht auf die anderen ein.

Die Denker

Die Denker sind die Menschen in meinem Modell, die Ihre Meetings mit Wissen, Kompetenz und Professionalität bereichern, die Ihre Meetings fundiert, objektiv und präzise gestalten und sie zu einem Erfolgsfaktor machen können.

Wesentliche Stärken der Denker bei Meetings:

- Sie sind eine Quelle der Expertise, der Intelligenz und der Qualität.
- Sie sind oftmals Forscherinnen, Analysten und Spezialistinnen, aber auch
- Planer, Organisatorinnen und Optimierer.
- Sie können die nötigen Informationen beschaffen, weil sie neugierig, wissbegierig und recherchefreudig sind.
- Sie können die Informationen auswerten, weil sie kritisch, logisch und systematisch sind, und
- sie können die Informationen aufbereiten, weil sie strukturiert und klar denkend sind.
- Sie können die Ziele definieren, weil sie realistisch, ergebnisorientiert und messbar sind.
- Gleichzeitig können sie die Strategien entwickeln, weil sie kreativ, innovativ und visionär sind.
- Durch Disziplin, Ordnung und Effizienz verbessern die Denker die Planung.

Mit Fachwissen, Kompetenz und Professionalität erhöhen sie die Qualität. Sie wirken sachlich, objektiv und zuverlässig und können die Leistung der anderen Meetingteilnehmenden steigern, denn sie sind qualifiziert, erfahren und souverän.

Wesentliche Schwächen der Denker bei Meetings:

- Sie sind kompliziert.
- Sie sind pedantisch und spitzfindig.
- Sie sind unflexibel, stur und unnachgiebig.
- Sie wirken kühl, distanziert und emotionslos, denn sie können ihre Emotionen nicht ausdrücken.
- Sie wirken oft überfordert, gestresst und überlastet.
- Zudem können sie andere überfordern, indem sie zu viel, zu schnell und zu komplex reden.
- Und sie können andere langweilen, weil sie zu detailliert, zu theoretisch und zu abstrakt sind.
- Bisweilen wirken sie arrogant, besserwisserisch und elitär.
- Sie gehen nur selten Kompromisse ein und passen sich nur ungern an.

Die Fühler

Die Fühler sind die Menschen in meinem Modell, die Ihre Meetings mit Herz und Begeisterung bereichern, die Ihre Meetings lebendig, authentisch und sympathisch gestalten und zu einem Erlebnis machen.

Wesentliche Stärken der Fühler bei Meetings:

- Sie sind eine Quelle der Wärme, der Freundlichkeit und der Freude.
- Sie sind Gefühlsmenschen, mit großem Einfühlungsvermögen und Verständnis.
- Sie sind Beziehungspfleger, Teamplayerinnen und Vermittler.
- Sie können die Stimmung heben, weil sie positiv, optimistisch und humorvoll sind.
- Sie sind lebendig, authentisch und sympathisch.
- Sie können die Emotionen der anderen verstehen.
- Sie sind offen, kontaktfreudig und herzlich und pflegen so Beziehungen.
- Gleichzeitig können sie die Konflikte lösen, weil sie diplomatisch, kompromissbereit und harmonisch sind.
- Durch Kooperation, Unterstützung und Loyalität stärken die Fühler das Team.
- Mit Leidenschaft, Engagement und Begeisterung motivieren sie die anderen.
- Sie wirken ansteckend, inspirierend und überzeugend und können die Zufriedenheit der anderen Meetingteilnehmenden erhöhen durch Wertschätzung, Anerkennung und Lob.

Wesentliche Schwächen der Fühler bei Meetings:

- Sie sind unbeständig.
- Sie sind impulsiv, launisch und sprunghaft.
- Sie sind unsachlich, subjektiv und voreingenommen, weil sie zu wenig Fakten berücksichtigen.
- Sie sind naiv, leichtgläubig und unrealistisch.
- Sie sind dramatisch, panisch und hysterisch, wenn sie mit Problemen konfrontiert werden.
- Sie können überreagieren, weil sie zu emotional, zu persönlich und zu sensibel sind.
- Sie analysieren und planen zu selten, weil sie zu intuitiv, spontan und impulsiv sind.

Die leisen Denker

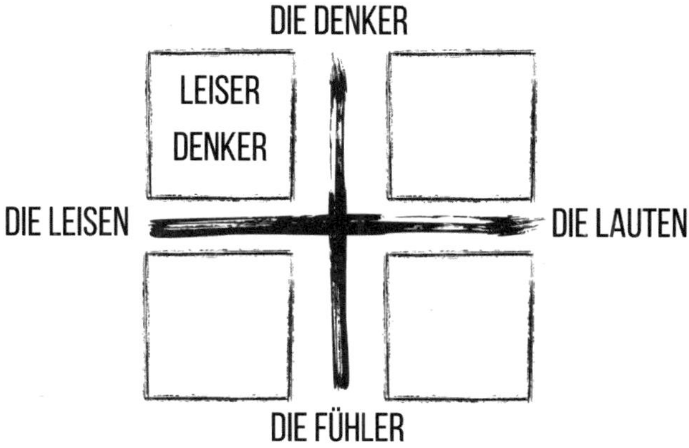

Die leisen Denker sind introvertierte und sachorientierte Menschen. Sie sind detailgetreu, reserviert, analytisch und diszipliniert.

Ihr Motto lautet: „Lasst es uns richtig machen.“

Sie legen Wert auf Qualität, Genauigkeit und Professionalität.

Leise Denker sind Expertinnen und Experten auf ihrem Gebiet und verfügen über umfangreiches Wissen, das sie auch gerne teilen, wenn sie gefragt werden. Als kritische Denker, die Probleme systematisch und logisch lösen, sind sie auch gut im Beobachten und analysieren und bewerten eine Situation genau.

Leise Denker sind ruhig und zurückhaltend. Sie sprechen nicht viel und hören lieber zu. So können sie die Informationen besser aufnehmen und verarbeiten. Sie sind vorsichtig und besonnen, überstürzen nichts, nehmen sich Zeit und überlegen und durchdenken gründlich, bevor sie eine Entscheidung treffen, denn dies hat sich für sie schon oft als richtig erwiesen.

Als disziplinierte und ordentliche Menschen planen sie ihre Arbeit sorgfältig und führen sie gewissenhaft aus. Sie halten sich an Regeln, Termine und Qualitätsstandards, sind zuverlässig und verantwortungsbewusst und erfüllen so ihre Aufgaben und erreichen ihre Ziele.

Leise Denker haben hohe Erwartungen an ein Meeting:

- Sie möchten frühzeitig (!) eine Agenda erhalten, die den Zweck, die Ziele und die Teilnehmenden des Meetings klar definiert.
- Sie legen Wert auf Fakten, Daten und Zahlen, um eine Grundlage für die Diskussion zu haben.
- Sie möchten eine sachliche, objektive und präzise Faktendiskussion führen, die zu klaren Ergebnissen und Entscheidungen führt.
- Außerdem wollen sie Grundsätze festlegen, die die Zusammenarbeit, die Kommunikation und die Qualität sichern.
- Im Anschluss an das Meeting rechnen sie schnell mit einem guten Protokoll, das die wichtigsten Punkte, die getroffenen Vereinbarungen und die nächsten Schritte festhält.

Dementsprechend verhalten sich leise Denker im Meeting folgendermaßen:

- Sie bringen sich erst nach reiflicher Überlegung ein, wenn sie sicher sind, dass sie etwas Relevantes und Fundiertes beitragen können.
- Sie entscheiden nur auf Grundlage von Daten und Fakten, nicht aufgrund von Meinungen oder Emotionen.
- Sie reduzieren ihr Tempo, um die Informationen zu verarbeiten und zu analysieren und um ihre Gedanken zu formulieren, und lassen sich nicht von Zeitdruck oder Gruppendynamik beeinflussen.
- Sie zeigen wenig Emotionen, um sachlich und objektiv zu bleiben.
- Sie vermeiden Konflikte oder Kritik, die andere verletzen oder verunsichern könnten.
- Sie wollen ihre Ziele direkt erreichen und ihre Arbeit abschließen und kommen ohne Umschweife oder Smalltalk gleich zur Sache. Dabei sind sie kurz angebunden und prägnant, um ihre Botschaft klar und deutlich zu vermitteln.

Kurz & knapp:
Leise Denker sind introvertierte und sachorientierte Menschen, die eine strukturierte, zielorientierte und professionelle Durchführung des Meetings erwarten. So erwarten sie eine frühzeitige Agenda, Fakten, Daten und Zahlen, eine sachliche und objektive Faktendiskussion, ein gutes und rechtzeitiges Protokoll und klare Grundsätze für die Zusammenarbeit. Sie bringen sich erst nach reiflicher Überlegung ein, wenn sie sicher sind, dass sie etwas Relevantes und Fundiertes beitragen können. Dabei sind sie detailgetreu, reserviert, analytisch und diszipliniert.

Die lauten Denker

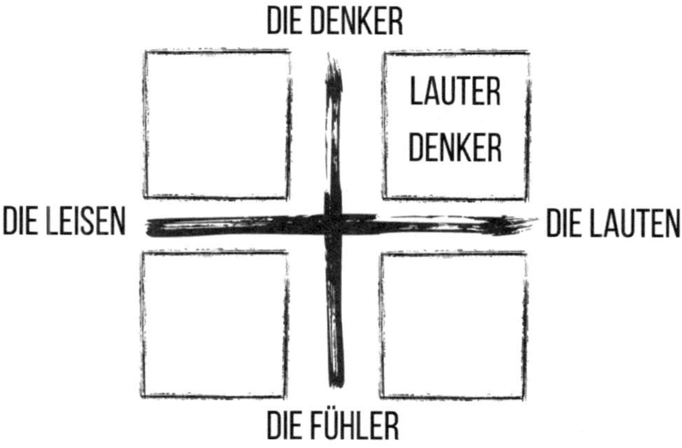

Laute Denker sind extrovertierte und zielorientierte Menschen. Sie sind selbstbewusst, dynamisch, entscheidungsfreudig und ehrgeizig.

Ihr Motto lautet: „Lass es uns *jetzt* machen“.

Sie legen Wert auf Effizienz, Ergebnisse und Leistung.

Laute Denker sind Visionäre auf ihrem Gebiet und verfügen über umfangreiches Wissen, das sie gerne teilen, um andere zu beeindrucken oder zu überzeugen. Als strategische Denker, die Probleme kreativ und pragmatisch lösen, sind sie gute Initiatoren, die Situationen schnell erfassen und bewerten.

Laute Denker sind aktiv und gesellig. Sie sprechen viel, um ihre Ideen und Meinungen auszudrücken und zu verbreiten. Als mutige und risikofreudige Menschen probieren sie gern Neues aus und nehmen Herausforderungen an.

Als dynamische und flexible Menschen planen sie ihre Arbeit nur grob und führen sie spontan aus. Dabei halten sie sich an Ziele, Prioritäten und Leistungsstandards. Sie sind unabhängig und selbstständig.

Laute Denker erwarten von einem Meeting:

- dass Fakten zählen – und keine Gefühlsduselei.
- dass Benchmarks aufgestellt werden, um sich messen zu können.
- dass Entscheidungen getroffen werden, und zwar jetzt.

- dass klar und eindeutig an das Thema oder das Problem herangegangen wird.
- dass es erfolgreich verläuft – sie wollen „gewinnen".

Dementsprechend zeigen laute Denker in einem Meeting folgendes Verhalten:

- Sie nehmen Herausforderungen an und sehen diese als Ansporn.
- Sie entscheiden auf Grundlage von Zielen und Ergebnissen.
- Sie bringen sich sofort und aktiv ein, wenn sie glauben, dass sie etwas Interessantes und Überzeugendes beisteuern können.
- Sie erhöhen ihr Tempo, um die Informationen schnell zu nutzen und zu kommunizieren, und lassen sich von Begeisterung oder Wettbewerb anspornen.
- Sie zeigen wenig Emotionen, um selbstbewusst und professionell zu bleiben.
- Sie suchen Konflikte oder Kritik, da sie dadurch herausgefordert werden und sich stärken können.
- Sie kommen gleich zur Sache, um ihre Ziele zu erreichen und ihre Arbeit abzuschließen, ohne Umschweife oder Smalltalk. Dabei sind sie kurz angebunden und prägnant, um ihre Botschaft klar und deutlich zu vermitteln.
- Sie suchen den Wettbewerb mit anderen, um sich zu messen und sich zu beweisen. Ranglisten innerhalb des Teams, mit anderen Teams, mit der Konkurrenz und weiteren hindern sie nicht, sondern spornen sie an.

Kurz & knapp:
Laute Denker sind extrovertierte und sachorientierte Menschen, die eine effiziente, entscheidungsorientierte und wettbewerbsfähige Durchführung des Meetings erwarten. Sie wollen Fakten und keine Gefühlsduselei, Benchmarks, um sich messen zu können, Entscheidungen, die jetzt getroffen werden, und eine klare, eindeutige Herangehensweise, die sie und die anderen zum Erfolg treibt. Sie ziehen das Gespräch an sich, um ihre Meinung und Argumente zu äußern und andere zu überzeugen. Sie sind kreativ, enthusiastisch, spontan und impulsiv.

Die lauten Fühler

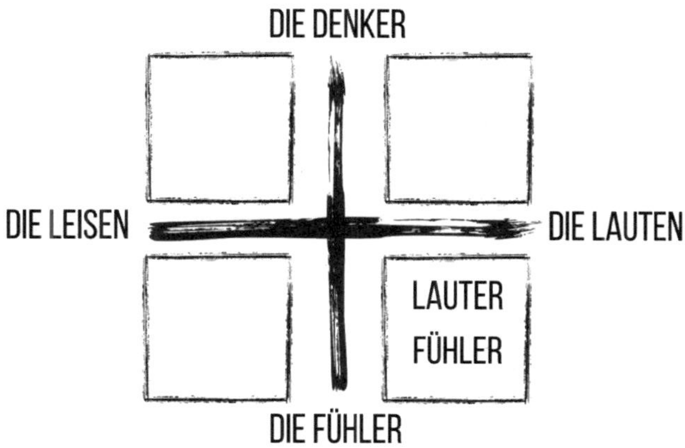

Die lauten Fühler sind extrovertiert und menschenorientiert. Sie sind kreativ, enthusiastisch, spontan und impulsiv.

Ihr Motto lautet: „Lasst es uns gemeinsam machen!“

Sie legen Wert auf Harmonie, Zusammenarbeit und Innovation.

Laute Fühler sind Visionäre, die immer neue Ideen und Möglichkeiten haben, die sie gerne mit anderen teilen und diskutieren. Als inspirierende und motivierende Menschen, die andere für ihre Ziele begeistern können, können sie sehr gut kommunizieren und drücken ihre Meinungen und Gefühle offen und ehrlich aus.

Laute Fühler sind gesellig und unterhaltsam. Sie sprechen viel und lachen gern. Sie sind freundliche und empathische Menschen, die sich für andere interessieren und ihnen zuhören. Sie sind optimistisch und leidenschaftlich, genießen das Leben und lassen sich von Herausforderungen nicht abschrecken. Weil es sich schon oft als richtig, kreativ und innovativ erwiesen hat, folgen sie zur Lösungsfindung ihrer inneren Stimme.

Als spontane und impulsive Menschen handeln sie oft aus dem Moment heraus und passen sich flexibel an die Veränderungen an. Sie halten sich nicht gerne an Regeln, Pläne oder Routinen, sind experimentierfreudig und risikobereit und probieren so gerne Neues aus und testen ihre Grenzen.

Laute Fühler haben hohe Erwartungen an ein Meeting:

- Sie wollen keine Agenda erhalten, die sie einschränkt oder langweilt. Sie wollen frei und kreativ sein und ihre Ideen spontan einbringen.
- Sie lieben Brainstorming, um gemeinsam mit anderen an Themen zu arbeiten und neue Lösungen zu finden.
- Sie erwarten ein leidenschaftliches und optimistisches Meeting, das sie begeistert und motiviert.
- Sie möchten neue Möglichkeiten aufgezeigt bekommen, die ihnen Perspektiven und Chancen eröffnen.
- Sie wollen Feedback geben und Feedback bekommen, um sich weiterzuentwickeln und zu verbessern.

Dementsprechend zeigen laute Fühler in einem Meeting folgendes Verhalten:

- Sie ziehen schnell das Gespräch an sich, um ihre Meinung und Gefühle zu äußern und andere zu überzeugen. Er entscheidet auf Grundlage von Intuition und Emotionen, nicht von Daten oder Fakten.
- Sie zeigen viele Emotionen, um authentisch und lebendig zu sein.
- Sie suchen Konflikte oder Kritik, weil sie so herausgefordert und anspornt werden.
- Sie sprechen schnell, um ihre Begeisterung und Energie zu zeigen und andere mitzureißen.
- Sie lassen sich von Zeitdruck oder Gruppendynamik anstecken.
- Sie möchten sich mit anderen austauschen und vernetzen.
- Sie antworten rasch, um ihre Spontaneität und Flexibilität zu zeigen und sich an die Situation anzupassen.
- Sie kommen nicht gleich zur Sache, sondern machen bildhafte Umschweife oder Smalltalk, um ihre Botschaft anschaulich und emotional zu vermitteln.

Kurz & knapp:
Laute Fühler sind extrovertiert und menschenorientiert und erwarten eine offene, flexible und motivierende Durchführung des Meetings. Sie wollen keine Agenda, die sie einschränkt oder langweilt. Sie mögen Brainstorming, um gemeinsam mit anderen an Themen zu arbeiten, für ein leidenschaftliches und optimistisches Meeting, das sie begeistert, ihnen neue Möglichkeiten aufzeigt und Perspektiven und Chancen eröffnet. Sie möchten Feedback geben und bekommen, um sich weiterzuentwickeln. Sie zeigen viele Emotionen, um authentisch und lebendig zu sein, und suchen Konflikte oder Kritik als Herausforderung und Ansporn. Laute Fühler sind sensibel, einfühlsam, harmonisch und loyal.

Die leisen Fühler

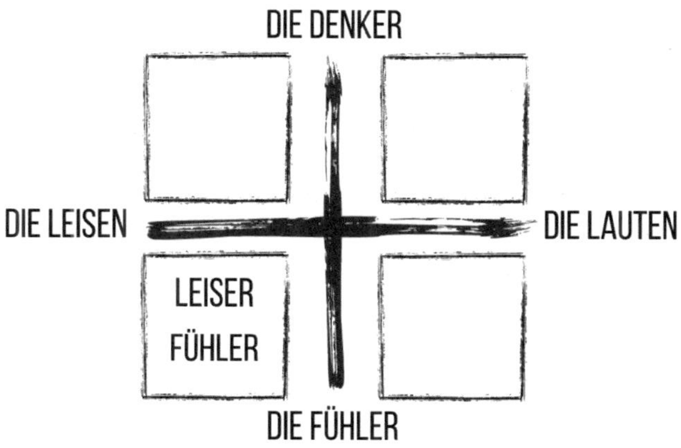

Leise Fühler sind introvertiert und menschenorientiert. Sie sind sensibel, einfühlsam, harmonisch und loyal.

Ihr Motto lautet: „Lasst es uns wertschätzend machen."

Sie legen Wert auf Vertrauen, Respekt und Wachstum.

Leise Fühler beraten andere, wollen für sie immer das Beste und helfen ihnen, ihre Potenziale zu entfalten. Als verständnisvolle und unterstützende Menschen, die andere in ihren Bedürfnissen und Gefühlen erkennen, können sie gut und geduldig zuhören und sich in andere hineinversetzen.

Leise Fühler sind entspannte und ruhige Menschen, die nicht viel sprechen, sondern lieber beobachten und reflektieren. Sie sind empathisch, freundlich und höflich, interessieren sich für andere und zeigen ihnen ihre Wertschätzung. Sie sind optimistisch und hoffnungsvoll, sehen das Gute in den anderen und lassen sich von Schwierigkeiten nicht entmutigen. Sie sind glücklich, wenn sie anderen helfen können.

Sie sind harmonieliebend und loyal und halten sich gerne an Regeln, Werte und Normen. Das macht sie zu kooperativen und teamfähigen Menschen, die gerne mit anderen zusammenarbeiten und Konflikte vermeiden. Sie sind anpassungsfähig und flexibel, lernen gern Neues und möchten sich weiterentwickeln.

Leise Fühler haben hohe Erwartungen an ein Meeting:

- Allen Teilnehmenden soll Wertschätzung entgegengebracht werden; ihre Leistung und ihre Beiträge sollen anerkannt und gelobt werden.
- Alle Teilnehmenden sollen eingebunden werden, um eine offene und vertrauensvolle Atmosphäre zu schaffen und die Meinungen und Gefühle aller zu berücksichtigen.
- Sie möchten spüren, dass alle Teilnehmenden bereit sind, voranzukommen und gemeinsam an einer Lösung zu arbeiten.
- Das Wachstum aller so gefördert werden.

Dementsprechend zeigen leise Fühler in einem Meeting folgendes Verhalten:

- Sie entscheiden auf der Grundlage von Empathie und Mitgefühl, nicht von Logik oder Analyse.
- Sie zeigen ihre Emotionen, um authentisch und ehrlich zu sein, und vermeiden Konflikte oder Kritik, die andere verletzen oder verunsichern könnten.
- Sie zeigen ihre Begeisterung und Leidenschaft und versuchen andere zu inspirieren.
- Sie lassen sich von Zeitdruck oder Gruppendynamik nicht beeinflussen.
- Sie legen Wert darauf, sich mit anderen auszutauschen und zu vernetzen.
- Sie sind kreativ und spontan, um sich an die Situation anzupassen.
- Wie die lauten Fühler kommen auch sie nicht gleich zur Sache, sondern machen Umschweife oder Smalltalk.
- Dabei nutzen sie Bilder und Metaphern, um ihre Botschaft lebendig und emotional zu vermitteln.

Kurz & knapp:
Leise Fühler sind introvertiert und menschenorientiert und erwarten eine harmonische, vertrauensvolle und wachstumsorientierte Durchführung des Meetings. Alle Teilnehmenden sollen Wertschätzung erfahren; ihre Leistung und ihr Beitrag soll anerkannt und gelobt werden. Sie erwarten, dass alle Teilnehmenden eingebunden werden, um eine offene und vertrauensvolle Atmosphäre zu schaffen. Damit alle gemeinsam vorankommen und an einer Lösung arbeiten, geben sie allen Feedback und helfen ihnen, ihre Stärken und Schwächen zu erkennen und zu verbessern. Sie drücken ihre Gedanken und Gefühle aus, vermeiden aber Konflikte oder Kritik, die andere verletzen oder verunsichern könnten.

Ich moderiere oft Meetings, die aus verschiedenen Meetingtypen bestehen. Dabei habe ich die Aufgabe, das Meeting produktiv und wertschätzend zu gestalten, damit es allen gerecht wird. Doch das ist gar nicht so einfach, wie es klingt, wie Sie jetzt wissen. Denn jeder hat seine eigenen Stärken und Schwächen, die oft miteinander kollidieren. Der leise Denker beschwert sich oft, dass die Meetings zu unstrukturiert und zu oberflächlich sind. Der laute Denker fordert mehr Verantwortung und drängt auf schnelle Ergebnisse. Der laute Fühler lenkt von der Agenda ab und bringt zu viele Emotionen ins Spiel, und der leise Fühler fühlt sich oft übersehen und sagt zu wenig. Da ich aber weiß, was die jeweiligen Typen von meinen Meetings erwarten, kann ich mich darauf vorbereiten und bin gewappnet.

Zeitpunkt, Dauer und Ort des Meetings

Jeff Bezos von Amazon – einer der wenigen Top-100-Manager, der sich wirklich über Meetings Gedanken macht – hat für sich und seine Führungscrew eine ebenso einfache wie gut durchdachte Strategie entwickelt: Er startet seine Meetings immer um 10 Uhr morgens und begründet das mit der geistigen Fitness, die dann besonders hoch sein soll. Ich schreibe bewusst „soll“, da ich diese Aussage bisher nicht medizinisch überprüft habe. Und er beginnt dann mit dem schwersten Meeting des Tages, mit dem Meeting mit dem höchsten Konfliktpotenzial oder mit den schwierigsten Inhalten. Das passt zusammen: Dann sind seine Teilnehmenden geistig fit und können sich somit den schwierigen Themen widmen. Diese Meetings enden dann spätestens um 12:30 Uhr, passend zur Lunchtime. Darauf können sich alle verlassen. Bezos setzt sich und seinen Teilnehmenden ein klares Zeitlimit.

Wie ist es bei Ihnen? Wann machen Sie Ihre schwierigen Meetings? Diese Jeff-Bezos-Technik findet meine volle Unterstützung, unabhängig davon, ob man um 10 Uhr morgens wirklich seinen „Leistungs-Peak“ hat. Sie hilft, den Fokus und die Produktivität von Meetings zu steigern. Lassen Sie mich zu diesem Punkt auch noch eine sehr persönliche Anmerkung hinzufügen: Gerade in Konzernen neigt man dazu, Meetings auf den späten Nachmittag zu legen. Beliebt sind Anfangszeiten ab 15:30 Uhr oder gar noch später (und das nicht, weil es Teilnehmende aus verschiedenen Zeitzonen gibt, nein, alle kommen aus Deutschland).

Ich weiß nicht, wann das Usus wurde, doch das muss aufhören: Ich empfinde diese Zeiten als respektlos anderen Menschen gegenüber. Viele haben private Verpflichtungen, vielleicht auch noch andere geschäftliche Termine, und dann kommt noch ein Meeting um diese Uhrzeit! Sie wollen unkonzentrierte und nicht fokussierte Teilnehmende – dann laden Sie zu einem Meeting um 16 Uhr ein.

Der beste Meetingzeitpunkt ergibt sich aus der geistigen und körperlichen Fitness der Teilnehmenden – die vielleicht tatsächlich am Vormittag ist –, der besten Verfügbarkeit, sowie der Dauer des Meetings. Doch vor allem sollten Sie Ihre externen und internen Kundinnen und Kunden im Blick haben und Meetings zu den Zeiten veranstalten, wenn Sie nicht so stark im Kundenkontakt stehen.

METHODE. Uhrzeiten verändern (Online- und Präsenz-Meetings)

Wenn Sie den Beginn von Meetings ab und zu verändern, erreichen Sie mehr Aufmerksamkeit bei den Teilnehmenden. Wohl wissend, dass um 12:30 Uhr die Mittagspause in Ihrem Unternehmen beginnt, setzen Sie doch mal ein Meeting um 11:45 Uhr an!

Diese Methode erfordert von Ihnen als Moderator oder Moderatorin eine fokussierte, kurze Agenda, mit einem klaren Ziel. Von Ihren Teilnehmenden erfordert sie volle Konzentration, um das Zeitmanagement einzuhalten: Sie haben nur 45 Minuten für dieses Meeting, um idealerweise einen für sie wichtigen Punkt zu besprechen.

Der Charme dieser Methode liegt in der kurzen Dauer und dass sich alle Teilnehmenden an das kurze Zeitmanagement halten.

Der Zeitpunkt ist natürlich auch abhängig von dem Ziel des Meetings und der sich daraus ergebenden geplanten Dauer: Ein Stand-up-Meeting ist von nur kurzer Dauer, ein Strategie-Meeting kann sich auch über Tage hinziehen. Generell lässt sich aber feststellen, dass die meisten Meetings in der Regel schlichtweg zu lange dauern. Denn gerne baut man sich als Moderator oder Moderatorin einen zeitlichen Puffer ein, hat zu viele Themen auf der Agenda oder die Diskussionen ziehen sich endlos hin.

Ich kann Ihnen nur ans Herz legen: Machen Sie lieber öfter kleine Meetings als wenige, aber dafür lange. Werden Sie schlichtweg kürzer. Eine geringere Anzahl an Agendapunkten führt automatisch zu kürzeren Meetings. Nicht jeder Punkt muss ausdiskutiert werden und man muss auch nicht alle Fragen beantworten.

Kennen Sie den Unterschied zwischen schlechten und schrecklichen Meetings? Die schlechten Meetings sind die ohne Entscheidung, ohne Ideen, ohne Diskussion. Die schrecklichen sind genauso – nur dass sie auch noch überziehen.

METHODE. Sitzungsfreier Tag (Online- und Präsenz-Meetings)

Die Klagen der Mitarbeitenden über zu viele und zu lange Meetings hat dazu geführt, dass sich Unternehmen über die letzten Jahre einige Gedanken über die Meetingkultur und Meetingstruktur in ihren Unternehmen gemacht haben. Eine Methode, die gerade über die letzten Monate stark in den sozialen Medien propagiert wird, ist der „sitzungsfreie Tag“: Ein Tag der Woche wird zum komplett meetingfreien Tag erklärt – an diesem Tag wird niemand durch Meetings von der Arbeit abgehalten. Häufig nutzen Unternehmen den Freitag als sitzungsfreien Tag.

Aber Achtung: Diese doch sehr stark verbreitete Methode empfinde ich als Symptombehandlung und nicht als Ursachenbehandlung für schlechte Meetings; sie fördert nicht Qualität und Quantität der Meetings an den restlichen vier Tagen der Woche.

Was den Ort des Meetings angeht, bieten sich mittlerweile viele Möglichkeiten an. Und ich empfehle Ihnen auch, diese Bandbreite zu nutzen: Mit verschiedenen Locations zu verschiedenen Meetinganlässen halten Sie das Interesse und die Aufmerksamkeit aller Anwesenden hoch. Angestammte Muster fallen weg. Die seit Jahren etablierte Sitzordnung ist nicht mehr da. Der seit Jahren gute oder schlechte Kaffee wird ersetzt und die Teilnehmenden haben sofort ein neues Gesprächsthema. Suchen Sie sich die zu Ihrem Meetingziel passende Location oder das dazu erforderliche Tool:

- Präsenz-Meetings können im Office, in einem anderen Teil Ihres Unternehmens (z. B. in der Produktion, wenn es ein Vertriebsmeeting ist), beim Kunden, in einem Restaurant oder auch mal in einer Bar oder in der Hotellounge, in einer Event Location, im Freien, bei Geschäftspartnern oder privat stattfinden.
- Für Online-Meetings können Sie die angestammte Videoplattform wechseln oder auch mal, wenn keine Charts und Präsentation benötigt werden, Tools wie Facetime oder WhatsApp Business nutzen.

METHODE. Wo sind die Stühle? (Präsenz-Meetings)

Um Abwechslung in ein regelmäßiges Meeting zu bringen, können Sie die im Raum vorhandenen Stühle ganz aus dem Raum entfernen oder diese andersherum an der Wand platzieren. Die Teilnehmenden wundern sich über diese neue Situation im Raum, können ihren gewohnten Platz nicht einnehmen und eine neue Spannung und Energie entsteht. Ihr nun bevorstehendes Meeting ist definitiv kürzer (Menschen können nicht so lange stehen wie sitzen) und auch fokussierter.

Das Drehbuch des Meetings

Für Ihre Teilnehmenden haben Sie nun alles getan, die Agenda steht und Sie haben sie eine Woche vor dem Meeting versendet. Nun kommt für Sie ein letzter und wesentlicher Teil der Vorbereitung auf Sie zu – Sie schreiben das Drehbuch Ihres Meetings.

Kein Spielfilm, kein Fernsehfilm kommt ohne Drehbuch aus, selbst Dokumentarfilme haben ein Drehbuch. Warum nicht auch Ihr Meeting? Sie haben sich im Vorfeld viele Gedanken über das Meetingziel, die Agenda und die Teilnehmenden gemacht. Mit einem Drehbuch bereiten Sie sich schon auf die Durchführung Ihres Meetings vor. So haben Sie während Ihres Meetings die Zeit und den Fokus, sich auf Ihre Teilnehmenden und die Diskussionen zu konzentrieren.

Mit Ihrem Meeting-Drehbuch erstellen Sie quasi Ihren „roten Faden“ für Ihr bevorstehendes Meeting, mit Ihren Aussagen und Ihrer Intention. Es dient auch Ihrer Vorbereitung auf Eventualitäten Ihres Meetings. Sie gehen das Meeting im Geiste durch und stellen sich die Frage: „Was kann passieren?“

Das Drehbuch Ihres Meetings könnte Antworten auf die folgenden Fragen enthalten, sicher fallen Ihnen noch mehr ein:

- Mit welchen Worten eröffne ich das Meeting? Was möchte ich sagen? Wie möchte ich es sagen? Wie gelingt mir eine motivierende Eröffnung?
- Wie inspiriere ich die Teilnehmenden für den jeweiligen Agendapunkt?
- Wie verhalte ich mich, wenn einige Teilnehmende nichts zum Meeting beitragen?
- Wie verhalte ich mich, wenn ein Teilnehmer zu spät kommt?
- Wie verhalte ich mich, wenn Teilnehmende unaufmerksam sind oder dazwischenrufen?
- Wie verhalte ich mich, wenn Diskussionen ausschweifen?
- Welche Agendapunkte lasse ich unbearbeitet, wenn wir in Zeitschwierigkeiten kommen?
- Wie kann ich den Teilnehmenden helfen, Entscheidungen zu treffen?
- Wie stelle ich Wertschätzung aller Teilnehmenden sicher?
- Was brauchen die Teilnehmenden, um Ideen zu entwickeln?
- Wann nutze ich welche Medien?
- Wie beende ich mein Meeting?
- ...

Ich habe hier ein „echtes“ Drehbuch aus meiner Praxis für Sie – es wurde für die Moderation eines täglichen Verkäufermeetings erstellt mit dem Ziel, dass sich die Verkäufer und Verkäuferinnen positiv auf den Tag fokussieren (aber ohne „tschakka tschakka“) und mehr verkaufen. Der Kunde konnte mit diesem Vorgehen innerhalb von zwölf Monaten die Absätze seiner wichtigsten Artikel zweistellig steigern und die Krankenquote der Verkäuferinnen und Verkäufer senken. (Dieses Drehbuch erlaubte keine Fragen der Teilnehmenden und diente ausschließlich der Frage: Was hast du gestern gemacht – was machst du heute?)

Drehbuch für das Verkäufermeeting „Fokus auf den täglichen Verkauf“

1. Vorbereitung:
TN fragen sich: Was ist mein Tagesziel? Was ist meine Inspiration?

2. Start:
Ich an die TN: Seid präsent – zeigt Leidenschaft und Energie.

3. Reflexion: Was war gestern?
Ich erfasse die Umsetzungen von gestern, reagiere und lobe.

4. Wir schließen das Gestern ab:
Ich fasse die Ergebnisse von gestern zusammen, gebe positive Anerkennung.

5. Erwartung und Fokus auf heute:
Was ist heute der Fokus und warum werden wir das schaffen?

6. Bei der Planung:
Seid präsent und stellt den Fokus sicher.

7. Motivation:
Legt die Latte höher, geht in die positive Challenge mit dem Team.

8. Zusammenfassung und Commitment:
Positive Zusammenfassung und Dank an das dem Team für die Planung.

9. Individuelles Commitment:
Ich frage jeden Einzelnen nach seinem Commitment.

10. Inspirierender Abschluss:
Ich zeige das „big picture“, das große Bild, und was wir schon alles erreicht haben.

Scheuen Sie sich nicht, Ihre Agenda, Ihr Drehbuch oder das Meeting selbst mit einem Kollegen oder einer Kollegin vorab durchzuspielen. Auch bei schwierigen Kundengesprächen ist es ein gängige Praxis, das Gespräch vorab im Team zu üben. So fällt vielleicht auf, was noch vergessen wurde: Was sagt der Kunde? Was sind mögliche Einwände? Was sind mögliche Vorwände? Wo ist der Mehrwert für den Kunden? Auch ich habe schwierige Kundengespräche und schwierige Mitarbeitergespräche mit meinen Kolleginnen und Kollegen geprobt.

Ist das Meeting für Sie wichtig, ist das Ziel für Sie entscheidend, dann zögern Sie nicht, Ihr Meeting zu proben. Das Erreichen des Meetingziels ist wichtig, und Sie dürfen sich jegliche Unterstützung dafür holen.

CHECKLISTE: Das Meeting-Drehbuch für den Moderator / für die Moderatorin

Sie haben nun für Ihr nächstes Meeting ein Meetingziel definiert und sich gut vorbereitet. Die Agenda ist fokussiert und enthält nur die für Ihr Ziel relevanten Punkte. Sie haben die richtigen Teilnehmenden eingeladen und sich mit deren Typus beschäftigt. Eine inspirierende Eröffnung ist geschrieben – dann können wir in die Umsetzung gehen. Das folgende Kapitel befasst sich mit der Durchführung Ihrer Meetings, mit der Person des Moderators bzw. der Moderatorin und enthält viele Tipps und Tricks zu aus meiner Sicht grundlegenden Themen, die Sie je nach Situation, Meetingziel oder Ihrem persönlichen Typus einsetzen können.

3

Die Meeting-durchführung

„Wer sind eigentlich die wichtigsten Personen in einem Meeting?“

„Moderatorinnen und Moderatoren sind die wichtigsten Personen in einem Meeting“ – das ist die zentrale These, die ich in diesem Text vertreten möchte. Darum widme ihnen ein ausführliches Kapitel, in dem ich ihre Rolle, ihre Aufgaben und die nötigen Kompetenzen beschreibe. Der Erfolg oder Misserfolg von Meetings hängt von ihrer Person ab!

Warum ist das so? Weil Moderatorinnen und Moderatoren die Stimmung, die Atmosphäre und die Dynamik im Meeting maßgeblich beeinflussen. Sie sind diejenigen, die den Ton angeben, die Agenda festlegen, die Diskussion leiten, die Teilnehmenden einbeziehen, die Ergebnisse sichern. Sie sind diejenigen, die die Verantwortung für den Prozess und das Ziel des Meetings tragen.

Eigenschaften eines guten Moderators bzw. einer guten Moderatorin

Meetings sind ein wesentlicher Bestandteil der modernen Arbeitswelt. Sie dienen dazu, Informationen auszutauschen, Probleme zu lösen, Entscheidungen zu treffen, Projekte zu planen, Ziele zu verfolgen und vieles mehr. Doch Meetings können auch langweilig, chaotisch, unproduktiv oder konfliktreich sein, wenn sie nicht gut moderiert werden. Deshalb ist Moderation in einem Meeting sehr wichtig, denn sie verbessert die Qualität und Effizienz der Kommunikation und Zusammenarbeit.

Moderation bedeutet, die Rolle des Leiters oder der Leiterin eines Meetings anzunehmen. Als Moderator oder Moderatorin haben Sie die Verantwortung, die Gruppe durch die Agenda zu führen, zum Austausch anzuregen, Konflikte zu lösen, Ergebnisse zu visualisieren und für eine angenehme Arbeitsatmosphäre zu sorgen. Es ist ein Handwerk, das man lernen kann und üben muss.

Auch ist Moderation eine innere Haltung, die Sie zeigen müssen, indem Sie offen, neutral, aktiv, strukturiert, klar, respektvoll, motivierend und zufrieden sind. Das ist nicht immer einfach, aber es lohnt sich. Wenn Sie ein Meeting moderieren, können *Sie* den Unterschied zwischen Erfolg und Scheitern machen. Moderation ist mehr als nur ein Wort, es zeigt Ihre innere Haltung.

Als Moderator oder Moderatorin müssen Sie nicht nur die Gruppe durch das Programm führen, sondern auch für eine gute Kommunikation und Zusammenarbeit sorgen. Dafür brauchen Sie verschiedene Fähigkeiten und Eigenschaften.

Offen bedeutet, dass Sie bereit sind, sich auf die Meinungen, Ideen, Bedürfnisse und Erwartungen der Teilnehmenden einzulassen. Sie müssen auch offen sein für Feedback, Kritik und Verbesserungsvorschläge. Offenheit zeigt, dass Sie die Gruppe wertschätzen und respektieren. Um Ihre Offenheit zu verbessern, können Sie folgende Tipps befolgen:

- Seien Sie neugierig und interessiert an dem, was die Gruppe zu sagen hat.
- Stellen Sie offene Fragen, die zum Nachdenken und Austauschen anregen.
- Hören Sie aktiv zu und geben Sie den Teilnehmenden das Gefühl, verstanden zu werden.
- Seien Sie ehrlich und transparent in Ihrer Kommunikation und Ihren Absichten.

Neutral bedeutet, dass Sie sich nicht in die Inhalte, die Methoden und die Personen einmischen. Sie müssen Ihre eigene Meinung, Ihr eigenes Interesse und Ihre eigene Persönlichkeit zurückhalten. Neutralität zeigt, dass Sie die Gruppe unterstützen und begleiten. Um Ihre Neutralität zu verbessern, können Sie folgende Tipps befolgen:

- Seien Sie klar und deutlich in Ihrer Rolle als Moderator oder Moderatorin.
- Geben Sie keine Bewertungen, Urteile oder Ratschläge ab, sondern lassen Sie die Gruppe selbst entscheiden.
- Seien Sie fair und gerecht in Ihrem Umgang mit den Teilnehmenden.
- Seien Sie flexibel und anpassungsfähig in Bezug auf die Situation und das Ziel.

Aktiv bedeutet, dass Sie die Gestaltung, die Durchführung und die Nachbereitung des Meetings übernehmen. Sie müssen die Agenda festlegen, die Zeit einteilen, die Methoden auswählen, die Diskussion anleiten, die Ergebnisse dokumentieren und das Feedback einholen. Aktivität zeigt, dass Sie die Gruppe leiten und motivieren. Um Ihre Aktivität zu verbessern, können Sie folgende Tipps befolgen:

- Seien Sie gut vorbereitet und informiert über das Thema, die Teilnehmenden, die Ziele und die Erwartungen.
- Seien Sie präsent und aufmerksam während des Meetings und reagieren Sie auf die Bedürfnisse und die Stimmung der Gruppe.
- Seien Sie kreativ und innovativ in der Auswahl und Anwendung der Methoden und sorgen Sie für Abwechslung und Dynamik.
- Bereiten Sie das Meeting reflektiert nach und sorgen Sie für eine gute Dokumentation und ein gutes Feedback.

Strukturiert bedeutet, dass Sie die Organisation, die Präsentation und die Visualisierung des Meetings übernehmen. Sie müssen allen die Ziele klarmachen, die Agenda übersichtlich gestalten, die Ressourcen bereitstellen, die Ergebnisse zusammenfassen und die nächsten Schritte definieren. Struktur zeigt, dass Sie die Gruppe ordnen und orientieren. Um Ihre Struktur zu verbessern, können Sie folgende Tipps befolgen:

- Seien Sie logisch und systematisch in Ihrem Vorgehen und folgen Sie einem roten Faden.
- Seien Sie einfach und verständlich in Ihrer Sprache und verwenden Sie klare Begriffe und Formulierungen.
- Seien Sie anschaulich und attraktiv in Ihrer Darstellung und verwenden Sie Bilder, Grafiken, Symbole und Farben.
- Seien Sie präzise und konsequent in Ihrer Visualisierung und verwenden Sie einheitliche Formate und Layouts.

Klar bedeutet, dass Sie die Botschaft und die Erwartungen klar und deutlich kommunizieren. Sie müssen verständlich sprechen, deutlich formulieren, präzise fragen, konkret antworten und transparent sein. Klarheit zeigt, dass Sie die Gruppe informieren und verständigen. Um Ihre Klarheit zu verbessern, können Sie folgende Tipps befolgen:

- Seien Sie kurz und knapp in Ihrem Ausdruck und vermeiden Sie unnötige Wiederholungen und Füllwörter.
- Seien Sie direkt und persönlich in Ihrem Kontakt und sprechen Sie die Teilnehmenden mit Namen an.
- Seien Sie sachlich und objektiv in Ihrem Inhalt und belegen Sie Ihre Aussagen mit Fakten und Beispielen.
- Seien Sie freundlich und höflich in Ihrem Ton und verwenden Sie positive Formulierungen und Gesten.

Respektvoll bedeutet, dass Sie die Werte, die Gefühle und die Persönlichkeiten der Teilnehmenden respektieren. Sie müssen höflich sein, zuhören, wertschätzen, anerkennen und loben. Respekt zeigt, dass Sie die Gruppe schätzen und achten. Um Ihren Respekt zu verbessern, können Sie folgende Tipps befolgen:

- Seien Sie empathisch und sensibel in Ihrer Wahrnehmung und versetzen Sie sich in die Lage der Teilnehmenden.
- Seien Sie tolerant und akzeptierend in Ihrer Haltung und lassen Sie unterschiedliche Meinungen, Interessen, Werte und Persönlichkeiten zu.
- Seien Sie konstruktiv und fördernd in Ihrem Feedback und geben Sie den Teilnehmenden Rückmeldung über ihre Stärken und Schwächen.
- Seien Sie anerkennend und lobend und bedanken Sie sich bei den Teilnehmenden für ihren Beitrag und ihre Leistung.

Motivierend bedeutet, dass Sie die Einstellung, die Atmosphäre und die Zufriedenheit der Gruppe positiv beeinflussen. Sie müssen positiv sein, begeistern, ermutigen, unterstützen und humorvoll sein. Motivation zeigt, dass Sie die Gruppe inspirieren und erfreuen. Um Ihre Motivation zu verbessern, können Sie folgende Tipps befolgen:

- Seien Sie enthusiastisch und leidenschaftlich in Ihrer Ausstrahlung und zeigen Sie Interesse und Freude an dem Thema und der Gruppe.
- Seien Sie inspirierend und anregend in Ihrem Impuls und geben Sie der Gruppe neue Perspektiven, Lösungen und Möglichkeiten.
- Seien Sie ermutigend und unterstützend in Ihrer Begleitung und helfen Sie der Gruppe, ihre Ziele zu erreichen und ihre Probleme zu lösen.
- Seien Sie humorvoll und spielerisch in Ihrem Umgang und bringen Sie die Gruppe zum Lachen und zum Entspannen.

METHODE. Kreative Tische (Präsenz-Meetings)

Nutzen Sie zur Findung neuer Ideen oder zur Problemlösung die mittlerweile im Handel erhältlichen überdimensionalen Notiz- oder Haftblöcke. Diese haben die Größe von Tischen! Schreiben Sie Ihre Fragen oder Probleme auf solche Papiere, platzieren Sie diese auf Tischen und bitten Sie Ihre Teilnehmenden, aufzustehen und von Tisch zu Tisch zu gehen, um über die jeweiligen Fragen/Probleme zu diskutieren und Lösungen aufzuschreiben. Ihr Meeting wird durch diese neue Art des „Brainstorming" an Dynamik und Schwung gewinnen.

Zufrieden bedeutet, dass Sie mit sich selbst, mit der Gruppe und mit dem Meeting zufrieden sind. Sie müssen sich selbst reflektieren, die Gruppe evaluieren und das Meeting verbessern. Zufriedenheit zeigt, dass Sie die Gruppe belohnen und loben. Um Ihre Zufriedenheit zu verbessern, können Sie folgende Tipps befolgen:

- Seien Sie selbstkritisch und lernbereit in Ihrer Selbstreflexion und erkennen Sie Ihre Stärken und Schwächen an.
- Seien Sie wertschätzend und dankbar in Ihrer Gruppenevaluation und erkennen Sie die Erfolge und die Verbesserungsmöglichkeiten der Gruppe an.
- Seien Sie optimistisch und zielorientiert in Ihrer Meetingverbesserung und setzen Sie sich neue Ziele und Herausforderungen für das nächste Meeting.

Drei weitere Eigenschaften sind entscheidend für einen guten Moderator bzw. eine gute Moderatorin. Sie machen den Unterschied zwischen einem langweiligen und einem spannenden Meeting, zwischen einem frustrierenden und einem erfüllenden Meeting, zwischen einem ineffektiven und einem effektiven Meeting: PLE – Präsenz, Leidenschaft und Energie.

Präsent sind Sie, wenn Sie sich voll und ganz auf das Meeting konzentrieren, wenn Sie sich Ihrer Rolle bewusst sind, wenn Sie authentisch und souverän auftreten und die Aufmerksamkeit und das Interesse Ihrer Teilnehmenden wecken und halten. „Präsenz" bedeutet auch, dass Sie sich flexibel und situationsgerecht verhalten, dass Sie auf die Bedürfnisse und Erwartungen der Teilnehmenden eingehen, ihnen Feedback geben und von ihnen annehmen, dass Sie Konflikte erkennen und lösen.

METHODE. Verdunklung (Präsenz-Meetings)

Sie benötigen für eine wichtige Diskussion, eine wichtige Entscheidung noch mal die volle Konzentration der Teilnehmenden, merken jedoch, dass Müdigkeit Einzug gehalten hat. Um Ihren wichtigen Punkt zu fokussieren, unterstützt eine komplette Verdunklung des Raumes eine Veränderung der Energie. Obwohl die Teilnehmenden im selben Raum, am selben Platz sitzen, müssen sie sich mit einer anderen Umgebung beschäftigen. Nur die wichtige Folie ist zu sehen, alles andere ist dunkel. Selbst der Griff zum Plätzchenteller fällt schwer. Sie können diese Methode für einige Minuten nutzen, um wieder Aufmerksamkeit zu erzielen – für einen besonders wichtigen Punkt lohnt sich das!

METHODE. Duftmanagement (Präsenz-Meetings)

Wie bei der Verdunklung soll das Duftmanagement Ihnen helfen, das Interesse der Teilnehmenden und deren Präsenz wachzuhalten. Erwiesenermaßen helfen Düfte dabei, dieses Ziel zu erreichen. Riechen ist der einzige Sinn, der mit dem limbischen System verbunden ist, und dieses ist wiederum an Emotionen, Motivation und Freude beteiligt. Gefällt Ihnen ein Geruch, assoziieren Sie damit automatisch eine positive Umgebung. Der Einzelhandel macht sich diese zunutze und fördert so Kaufentscheidungen. Auch Sie wollen im Meeting etwas „verkaufen" – und zwar Entscheidungen, Ideen, Kreativität und positive Stimmung. Sie benötigen Konzentration und Energie im Meetingraum? Der Duft von Zitronen oder Orangen fördert beides. Im Meetingraum liegt potenzieller Streit „in der Luft"? Rosenduft sorgt für Harmonie und Klarheit. Sie werden ein erfolgreiches Meeting natürlich nicht nur durch Düfte erzielen, können damit aber durchaus etwas zum Gelingen beisteuern.

Leidenschaftlich bedeutet, dass Sie das Thema und das Ziel des Meetings mit Begeisterung und Überzeugung vermitteln, dass Sie die Relevanz und den Nutzen des Meetings für die Teilnehmenden und die Organisation herausstellen, die Teilnehmenden motivieren und inspirieren, dass Sie Emotionen wecken und kanalisieren. „Leidenschaft" bedeutet auch, dass Sie sich selbst und die Teilnehmenden herausfordern, dass Sie kritische Fragen stellen und beantworten, neue Perspektiven und Ideen anregen und Kreativität und Innovation fördern.

Voller Energie bedeutet, dass Sie das Meeting mit Schwung und Tempo gestalten, dass Sie die Zeit und die Ressourcen effizient nutzen, die Teilnehmenden aktivieren und beteiligen und Spannung und Abwechslung erzeugen. „Energie" bedeutet auch, dass Sie das Meeting mit Humor und Freude würzen, die Teilnehmenden loben und ermutigen, dass Sie Erfolge feiern und anerkennen und dass Sie das Meeting mit einem positiven und nachhaltigen Eindruck abschließen.

Präsenz, Leidenschaft und Energie sind also drei weitere Schlüsselfaktoren für einen guten Moderator oder eine gute Moderatorin. Sie beginnen nicht erst bei der Begrüßung, sondern schon beim kleinen Small Talk vorher. Die Teilnehmenden müssen die Leidenschaft und die Energie des Moderators spüren. Sie sehen und spüren die Präsenz im Raum (egal, ob online oder „vor Ort"). Es macht einen Unterschied, ob Sie mit einem müden, leisen und langweiligen „Morgen" das Meeting eröffnen oder mit einem frischen und kräftigen „Hallo und guten Morgen zusammen!". Sie sind die wichtigste Person im Raum. Dieser Verantwortung sollte sich jeder Moderator und jede Moderatorin bewusst sein.

EXKURS. Die „Goldene Himbeere" der Moderation: Das Geständnis des selbstverliebten Moderators Hubertus Kuhnt

„Es war einmal ein Moderator, der sich für einen Experten in allen Themen hielt. Er hatte die Angewohnheit, zu viel zu reden und die Teilnehmenden seiner Meetings zu langweilen. Er glaubte, dass er immer recht hatte und dass seine Meinung die einzig wahre war. Er war so selbstverliebt, dass er sich nicht um die Bedürfnisse oder Interessen der anderen kümmerte.

Eines Tages wurde er gebeten, ein Meeting zu moderieren, das sehr wichtig war. Es ging um die Zukunft eines großen Projekts, das viele Menschen betraf. Der Moderator war sehr aufgeregt und bereitete sich sorgfältig vor. Er machte eine lange Liste von Fragen, die er stellen wollte, und eine noch längere Liste von Antworten, die er geben wollte. Er dachte, dass er das Meeting allein führen könnte, ohne die Teilnehmenden zu Wort kommen zu lassen.

Das Meeting begann und der Moderator stellte sich vor. Er nannte seinen Namen, seinen Titel, seine Qualifikationen, seine Erfahrungen, seine Hobbys, seine Lieblingsfarbe, seine Lieblingsmusik, seine Lieblingsfilme, seine Lieblingsspeisen, seine Lieblingstiere, seine Lieblingsbücher, seine Lieblingszitate, seine Lieblingswitze, seine Lieblingssportarten, seine Lieblingsreiseziele, seine Lieblingskleidung, seine Lieblingsschuhe, seine Lieblingsaccessoires, seine Lieblingsmarken, seine Lieblingsduftkerzen, seine Lieblingsblumen, seine Lieblingspflanzen, seine Lieblingsfrüchte, seine Lieblingsgemüse, seine Lieblingsnüsse, seine Lieblingsgetränke, seine Lieblingsdesserts, seine Lieblingsspiele, seine Lieblingsapps, seine Lieblingswebsites, seine Lieblingspodcasts, seine Lieblingsvideos, seine Lieblingsmemes, seine Lieblingscomics, seine Lieblingskünstler, seine Lieblingsautoren, seine Lieblingsdichter, seine Lieblingsphilosophen, seine Lieblingswissenschaftler, seine Lieblingshistoriker, seine Lieblingspolitiker, seine Lieblingshelden, seine Lieblingsvorbilder, seine Lieblingsträume und so weiter und so fort."

Kennen Sie auch solche Moderatoren? Ich schon, denn ich war so einer, und hier kommt meine Geschichte:

Ich durfte über viele Jahre viele Menschen führen, war Prokurist und Führungskraft und dachte: „Hey, so ein Meeting – datt machste doch mit links!" Genau das habe ich nur gedacht! Gemacht habe ich daraus ein Monodrama mit vielen Akten, eine Hubi-One-Man-Show – alles auf mich fokussiert.

Ich war ein selbstverliebter Moderator. Ich gebe es zu. Ich war schon immer so. Bereits als Kind habe ich gerne im Mittelpunkt gestanden und alle Aufmerksamkeit auf mich gezogen. Ich habe gerne geredet und geredet und geredet, ohne jemanden zu Wort kommen zu lassen. Hey, meine Meinung war wichtig, und somit habe ich alle anderen ignoriert. Recht wollte ich immer haben, ergo habe ich alle anderen korrigiert. Ich habe gerne gelobt und kritisiert, je nachdem, ob mir jemand zustimmte oder widersprach. Ein klassischer Besserwisser halt – schon als Kind.

Auch als Erwachsener habe ich meine Leidenschaft für das Reden und das Rechthaben nicht verloren. Ich habe mich darauf gefreut, Meetings zu leiten, weil ich dachte, dass das die perfekte Bühne für mich wäre. Ich habe mich darauf vorbereitet, alle Themen zu beherrschen, weil ich dachte, dass das die perfekte Gelegenheit für mich wäre. Und ich war so gut und so erfolgreich. Zumindest in meinen Augen. Ein Schlaumeier halt – auch als Erwachsener.

Ich habe viele Meetings moderiert, in denen es nur um mich ging. Ich habe meine Agenda durchgezogen, ohne Raum für Diskussion zu lassen. Ich habe meine Fragen gestellt, ohne auf die Antworten zu hören. Ich habe meine Antworten gegeben, ohne auf die Fragen zu achten. Ich habe meine Ideen eingebracht, ohne auf die Vorschläge zu reagieren. Ich habe meine Ergebnisse präsentiert, ohne auf das Feedback zu warten. Ich habe meine Meetings beendet, ohne mich zu bedanken.

Und so bin ich Rekordhalter in einer Disziplin geworden: 15 Jahre nacheinander habe ich die „Goldene Himbeere" als weltweit schlechtester Moderator erhalten, und zwar in der Kategorie „Monodrama" (Einpersonenstück; eine Inszenierung, in der nur eine Person spricht).

Liebe Kolleginnen und Kollegen, liebe Mitarbeiterinnen und Mitarbeiter, liebe Partnerinnen und Partner – sorry für die verlorene Zeit!

Ich war so blind – zumindest für die Realität. Ich habe nicht gemerkt, wie sehr ich die Teilnehmenden meiner Meetings langweilte, frustrierte, verärgerte, demotivierte, verletzte, beleidigte, ignorierte, unterbrach, überging, ausschloss, manipulierte, dominierte, tyrannisierte, sabotierte, zerstörte. Ich habe nicht gemerkt, wie sehr ich die Qualität meiner Meetings verschlechterte, verminderte, verschwendete, verpasste, verfehlte, vermasselte, verpatzte, verhunzte.

Und dann kam eines Tages einer vorbei und sagte: „Hubi, du bist ja ein netter Kerl, aber deine Meetings sind es nicht!" Ups, und das mir, dem Selbstverliebten. Es musste wohl jemand von außen sein, der mir so etwas sagen konnte. Der es mir auch so eindringlich sagen konnte, dass ich darauf einging und mich selbst hinterfragte. Und so fing ich an, mich mit Meetings zu beschäftigen, mit dem Aufbau und der Durchführung, den Menschen und der Struktur.

Das war mein Moderatorenwerdegang – was ist Ihrer?

Mein persönliches Learning lautet:

„Gute Meetings zu leiten ist ein Handwerk und keine Atomwissenschaft!"

Tipps für die Moderation Ihrer Meetings

Meine Erfahrungen gebe ich Ihnen in diesem Kapitel weiter: Lesen Sie, wie Sie die Moderation Ihrer Meetings verbessern – und was Sie lieber unterlassen sollten.

Ich beginne gleich mit einer Situation, die Sie sicher alle kennen: Die Teilnehmenden sitzen alle auf ihren Plätzen, das Rascheln und die Gespräche sind verstummt und Sie setzen zur Begrüßung an – da öffnet sich die Tür und ein paar Nachzügler tröpfeln herein, bringen wieder Unruhe in den Raum und Sie vielleicht aus dem Konzept.

Häufig handelt es sich um die gleichen Menschen des gleichen Menschentypus, die es immer wieder schaffen, vier bis fünf Minuten zu spät zum Meeting zu erscheinen. „Wer zu spät kommt, den bestraft das Leben" – diese alte Weisheit habe ich für mich umgewandelt und sage: „Wer zu spät kommt, den bestraft der Moderator."

Nachfolgend schildere ich einige Methoden, die Sie in die Lage versetzen, dieser Situation wieder Herr zu werden. Ich empfinde es als respektlos den pünktlichen Teilnehmenden gegenüber, auf diese eine Person Rücksicht zu nehmen. Es sind häufig die extrovertierten, die starken Persönlichkeiten, die zu spät zum Meeting erscheinen. Diese Typen betreten den Raum mit einem freundlichen „Guten Morgen" und begrüßen teilweise ihre Kollegen und Kolleginnen mit einem freundlichen Kopfnicken oder sogar Handschlag. Natürlich wird ihnen ein Kaffee eingegossen und die Plätzchen werden hinübergeschoben. Diese Menschen brauchen ihre Bühne, und sie bekommen und genießen sie in der Regel auch. Da diese Typen häufig einen Kumpel oder eine Bekannte bereits im Meetingraum sitzen haben, nehmen sie auch an präsenten Positionen im Meetingraum Platz – diese wurden ihnen ja freigehalten. Für die nächsten paar Minuten hat der „Zuspätkommer" die Regie von Ihnen übernommen.

Die nachfolgenden Methoden bedeuten Veränderung, doch sie stärken vor allem Ihre Position und sie zollen den pünktlichen Menschen Respekt. Überlegen Sie sich gut, wann und wie Sie welche Methode für Ihr Meeting umsetzen. Ich empfehle Ihnen, diese Methoden mit Kollegen und Kolleginnen zu trainieren, um sich für derartige Situationen fit zu machen.

METHODEN. Wie Sie mit Zuspätkommern umgehen

1. Die Gesangseinlage (Online- und Präsenz-Meetings)

Die erste Methode kommt aus dem Fußball. Dort müssen Spieler, die neu zum Verein gekommen sind, innerhalb der ersten Wochen eine Gesangseinlage vor der gesamten Mannschaft abliefern. Das adaptieren wir für Ihre Meetings und zur Stärkung Ihrer Moderation:

Stellen Sie die klare Regel für alle Teilnehmenden, dass alle, die zu spät zum Meeting erscheinen, gleich beim Betreten des Raumes etwas vorsingen müssen. Für die meisten Teilnehmenden wäre das eine sehr peinliche Situation. Kommt nun jemand zu spät und muss singen, werden Sie auf den Gesichtern der Teilnehmenden sicherlich ein Lächeln sehen und haben so automatisch positive Energie im Meetingraum. Sie müssen bei dieser Methode lediglich die Regel aufstellen, den Rest übernehmen die Teilnehmenden: Sobald die Tür aufgeht und ein Zuspätkommer scheint, tönt es ihm begeistert entgegen: „Singen, singen!"

Wichtig ist, dass Sie während und auch nach dem Meeting kein Wort über die Gesangseinlage verlieren (das übernehmen die anderen Teilnehmenden des Meetings schon ...). So zeigen Sie der betreffenden Person: „Okay, du bist zu spät gekommen und hast dafür gesungen. Die Sache ist für mich erledigt."

2. Der Stuhl (Präsenz-Meetings)

Diese Methode stellt Sie als Moderator oder Moderatorin in den Mittelpunkt. Sie zeigen hier den Teilnehmenden nachdrücklich, dass Sie das Sagen haben und dieses Meeting leiten.

Platzieren Sie einen Stuhl in die Nähe der Eingangstür, auf den sich niemand setzen darf. Kommt nun eine Person zu spät zum Meeting und öffnet die Tür, reagieren Sie umgehend und bitten die Person, genau auf diesem Stuhl Platz zu nehmen. Überlassen Sie der betreffenden Person keinesfalls das Wort, sondern bitten Sie ihn oder sie immer wieder höflich und konsequent, auf dem zugewiesenen Stuhl Platz zu nehmen. Geben Sie dem „Zuspätkommer" keine Gelegenheit, Bekannte im Raum zu begrüßen und sich an den wahrscheinlich für ihn oder sie reservierten Platz zu setzen. Sie leiten und führen das Meeting, und das demonstrieren Sie allen Anwesenden damit.

Die zu spät kommende Person wird sicherlich nicht erfreut darüber sein, am „Katzentisch“ sitzen zu müssen, doch alle anderen pünktlichen Teilnehmenden werden sich freuen, dass Ihr Meeting mit einer klaren Struktur und klaren Regeln versehen ist.

Wie bei der oben geschilderten Methode ist auch hier ein weiterer Kommentar Ihrerseits erforderlich. Behandeln und verabschieden Sie die betreffende Person so wie alle anderen auch, höflich und korrekt, und lassen Sie das Geschehene gut sein.

3. Die verschlossene Tür (Präsenz-Meetings)

Für diese Methode sollten Sie sich als Erstes mit den Arbeitssicherheitsverordnungen in Ihrem Haus beschäftigen, denn Sie verschließen hier pünktlich zum Meetingbeginn den Meetingraum. Vorausgesetzt, die Verordnung in Ihrem Hause gibt dies her! Ich persönlich bin ein großer Freund dieser Methode, denn sie ist effektiv und einfach umzusetzen.

Wie gerade schon beschrieben, schließen Sie pünktlich zum Beginn den Meetingraum. Zuspätkommende haben nun keine Möglichkeit, mehr den Raum zu betreten, und müssen entweder vor der Tür oder in ihrem jeweiligen Büro auf das Ende des Meetings oder auf die Pause warten. Wie bei den beiden vorherigen Methoden gehen Sie souverän mit der Situation um; die zu spät gekommenen und nicht anwesenden Teilnehmenden erhalten selbstverständlich das Protokoll und somit alle Informationen, die während des Meetings besprochen worden sind.

Mit dieser Methode wird Ihr Meeting nicht unterbrochen, weder durch eine Gesangseinlage noch durch den beschriebenen freien Stuhl. Alle Anwesenden können sich von Beginn an auf ihr Meeting konzentrieren und fokussieren.

4. Das Meeting sperren (Online-Meetings)

Gerade bei Online-Meetings bieten alle am Markt verfügbaren Systeme eine wunderbare Funktion, die leider viel zu selten eingesetzt wird. Die Methode der verschlossenen Tür bei Präsenz-Meetings kann hiermit auch für Ihr Online-Meeting angewendet werden: Statt der Tür sperren Sie jedoch Ihr Meeting.

Im Gegensatz zu Präsenz-Meetings mit der Frage der Arbeitssicherheit benötigen Sie für das gleiche Ziel bei Online-Meetings keine Rückversicherung; es bedarf nur eines Klicks: Pünktlich zum Meetingbeginn schalten Sie Ihre Sitzung auf „gesperrt". Niemand kann sich nun mehr in den virtuellen Raum zuschalten und Sie und die anwesenden Teilnehmenden können sich ganz auf die Agenda und Inhalte ihres Meetings konzentrieren. Selbstverständlich erhalten auch diese Zuspätkommenden das Protokoll und können somit alle besprochenen Entscheidungen und Inhalte nachvollziehen.

Diese Methode ist wahrscheinlich die einfachste, um eine Verhaltensänderung bei zu spät kommenden Personen anzustoßen.

Beginnen Sie Ihr Meeting mit etwas Positivem – bitten Sie alle Teilnehmenden gleich zu Anfang, der Reihe nach der Runde eine Minute lang positive Ereignisse und Ergebnisse mitzuteilen. Das könne auch kleine Dinge – nach einigen Malen fällt es allen leichter, weil sie feststellen, dass in ihrem Unternehmen und in ihrem Arbeitsalltag viel Positives gibt, das sie oft nicht bewusst aufnehmen. So geben Sie den positiven Dingen in Ihrem Unternehmen eine Plattform und erzielen gleichzeitig einen positiven Start in ihr Meeting.

Was Sie bei der Moderation beachten sollten

Die ersten Tipps, die Sie beachten sollten, leiten sich aus den Eigenschaften ab, die Sie haben sollten: PLE – Präsenz, Leidenschaft und Energie. Mit diesen drei Eigenschaften gewinnen und halten Sie die Aufmerksamkeit und das Interesse Ihrer Teilnehmenden.

1. Seien Sie präsent – konzentrieren Sie sich voll und ganz auf das Meeting und zeigen Sie Ihre Aufmerksamkeit und Ihr Interesse. Sie müssen sich von Ablenkungen fernhalten, den Blickkontakt mit den Teilnehmenden halten, auf ihre Reaktionen achten und auf ihre Fragen und Anmerkungen eingehen.

2. Seien Sie leidenschaftlich – begeistern Sie sich für das Thema und übertragen Sie Ihre Begeisterung. Sie müssen das Thema spannend und relevant machen, die Vorteile und die Ziele hervorheben, die Herausforderungen und die Lösungen aufzeigen und die Teilnehmenden zum Mitmachen motivieren.

3. Seien Sie voller Energie – gestalten Sie das Meeting dynamisch und lebendig und teilen Sie Ihre Energie. Sie müssen das Tempo und die Intensität variieren, die Methoden und die Medien abwechseln, die Stimmung und den Humor einbringen und die Teilnehmenden zum Lachen und zum Entspannen bringen.

Weiter geht es mit Pünktlichkeit und Professionalität. Diese beiden Eigenschaften sind wichtig, um den Respekt und das Vertrauen der Teilnehmenden zu gewinnen und zu halten.

4. Seien Sie pünktlich – so zeigen Sie Respekt für die Zeit der Teilnehmenden und beweisen, dass Sie Ihre Zeitplanung einhalten. Sie müssen das Meeting pünktlich beginnen und beenden, die Zeit für die einzelnen Punkte und die Pausen einteilen, die Zeit im Blick haben und die Zeitüberschreitungen vermeiden oder zumindest erklären. Denn alle haben im Anschluss Folgetermine, entweder geschäftlich oder privat. Wenn Sie ein Meeting zu spät beginnen oder zu lange dauern lassen, führt das oft zu Unmut, Unzufriedenheit oder Konflikten. Pünktlichkeit zeigt auch Professionalität in der Moderation des Meetings, denn Sie beweisen, dass Sie die Zeitplanung beherrschen und die wichtigsten Punkte behandeln. Wenn Sie ein Meeting pünktlich beginnen und beenden, schaffen Sie einen guten ersten und letzten Eindruck, erhöhen die Produktivität und die Effizienz des Meetings, fördern die Motivation und das Engagement der Teilnehmenden und sichern den Erfolg und die Zufriedenheit des Meetings.

TIPPS für mehr Pünktlichkeit.

- Planen Sie die Zeit für das Meeting im Voraus, indem Sie die Ziele, die Agenda, die Dauer, die Pausen und die Ergebnisse festlegen.
- Informieren Sie die Teilnehmenden über die Zeit für das Meeting, indem Sie ihnen die Einladung, die Agenda, die Erwartungen und die Regeln rechtzeitig und klar kommunizieren.
- Kündigen Sie die Zeit für die einzelnen Agendapunkte und die Pausen an und halten Sie die Uhr im Blick.
- Planen Sie zum Ende noch Zeit für Fragen oder Feedback ein.
- Sollte es vorkommen, dass gegen Ende der Zeit noch nicht alle Punkte der Agenda besprochen wurden, dann setzen Sie ein weiteres Meeting an. Sie zeigen Ihren Teilnehmenden Respekt und Wertschätzung für die gegebene Zeit.

METHODE. Zweiter Beamer (Präsenz-Meetings)

Meetings beginnen pünktlich und Meetings enden pünktlich. Der pünktliche Start von Meetings ist in den seltensten Fällen ein Problem, doch das pünktliche Ende? Mit dem zweiten Beamer in Ihrem Meetingraum werden Sie die Pünktlichkeit Ihrer Meetings verbessern, denn dieser zweite Beamer zählt die Meetingdauer Ihrer Meetings rückwärts.

Sie haben ein Meeting für 60 Minuten angesetzt? Dann klemmen Sie ein iPad an Ihren zweiten Beamer, stellen den Timer des iPad auf 60 Minuten, und bei Beginn des Meetings drücken Sie einfach „Start". Von nun an läuft die Zeit rückwärts und alle Teilnehmenden im Raum sehen die verbleibende Zeit. Das zwingt Sie als Moderator oder Moderatorin, auf die Pünktlichkeit Ihrer Meetings zu achten, und gleichzeitig können Sie ausschweifende Redebeiträge einzelner Teilnehmender unterdrücken: Mit dem Timer und dem Verweis darauf haben Sie die Möglichkeit, Diskussion und Redebeiträge auf das für Sie notwendige Maß zurückzuführen. Nicht nur Sie, auch Ihre Teilnehmenden werden diesen Countdown zu schätzen wissen, um die Pünktlichkeit der Meetings zu gewährleisten.

5. Seien Sie professionell – zeigen Sie Kompetenz und Qualität in Ihrer Moderation. Sie müssen gut vorbereitet und informiert sein, klar und verständlich sprechen, strukturiert und übersichtlich präsentieren, sachlich und objektiv moderieren und freundlich und höflich auftreten.

Fördern Sie Beteiligung und Feedback Ihrer Teilnehmenden. So gewinnen und halten Sie deren Zufriedenheit und Engagement.

6. Beziehen Sie Ihre Teilnehmenden aktiv ein. Sie müssen diese zum Nachdenken, zum Austausch, zum Argumentieren oder zum Experimentieren anregen, ihnen Aufgaben oder Rollen zuweisen, ihnen Wahlmöglichkeiten oder Alternativen bieten, ihnen Herausforderungen oder Anreize stellen oder ihnen Spaß oder Überraschungen bereiten.

Hier finden Sie einige Methoden, um Ihre Teilnehmenden aktiv mit einzubeziehen.

METHODEN. Aktivierung der Teilnehmenden

1. Feedbackbogen (Online- und Präsenz-Meetings)
Verteilen Sie zu Beginn eines Meetings einen für Ihr Unternehmen und/oder für Ihr Meeting relevanten Feedbackbogen. Mit dieser Maßnahme geben Sie allen Teilnehmenden die Möglichkeit, bereits während des Meetings Stichpunkte zu notieren und die Qualität des Feedbacks zu steigern. Für Online-Meetings können Sie Tools nutzen, die die Teilnehmenden z. B. über ihr Handy aufrufen können.

2. „Kopfstand" zur Ideenfindung (Online- und Präsenz-Meetings)
Manchmal bedarf es provokanter Fragen, um die Ideenfindung in Schwung zu bringen. Andere Sichtweisen verhelfen die eigenen Ideen zu untermauern oder zur Seite zu legen. Nutzen Sie auch provokante oder Gegenteil-Fragen, die in kleinen Gruppen diskutiert werden, zur Lösungsfindung:
- Wie schaffen wir es, das Projekt xy scheitern zu lassen?
- Welche Idee stammt mit Sicherheit nicht von uns?
- Was ist nötig, um unser Unternehmen in existenzielle Nöte zu bringen?

3. Think – Pair – Share (Präsenz-Meetings)
Zur Ideensammlung bitten Sie Ihre Teilnehmenden, ihre Gedanken auf Zetteln zu notieren und sie dann mit einer Kollegin oder Kollegen zu besprechen. Am Ende des Gedankenaustausches präsentieren beide einen gemeinsamen Vorschlag an Ideen.

4. 3-Karten-Abstimmung (Online- und Präsenz-Meetings)
Um über Ideen nicht nur mit dem typischen Ja oder Nein entscheiden zu lassen, nutzen Sie die 3-Karten-Abstimmungsmethode: Verteilen Sie an Ihre Präsenz-Teilnehmenden je drei vorbereitete Kärtchen, auf denen „umsetzbar", „originell" und „abgelehnt" steht und die hochgehalten werden. In Online-Meetings können Ihre Teilnehmenden entsprechende Emoji-Symbole statt der Karten nutzen.

4. Walking Meetings (Präsenz-Meetings)
Für ein Brainstorming ist es oft hilfreich, die Location zu wechseln. Neue Gedanken kommen oft, wenn der Körper in Bewegung ist. Verlassen Sie mit Ihren Teilnehmenden den Meetingraum, gehen Sie wenn möglich hinaus aus dem Gebäude, an die frische Luft, oder spazieren Sie gemeinsam durch einen langen Flur. Auch Ihr Geist wird so in Bewegung kommen, und dank der modernen Technik können Sie alle „Brainstorms" auf Ihrem Tablet notieren oder als Audio auf Ihrem Handy aufnehmen.

7. Geben Sie Feedback – informieren und loben Sie Ihre Teilnehmenden. Sie müssen sie über den Verlauf, die Ergebnisse und die nächsten Schritte des Meetings informieren, ihnen Rückmeldung oder Anregung geben, ihnen Stärken oder Schwächen zeigen, ihnen Tipps oder Ratschläge geben und ihnen für ihren Beitrag und ihre Leistung danken und gratulieren.

TIPPS zum Feedback-Geben.

- Geben Sie Feedback regelmäßig und zeitnah, um die Teilnehmenden auf dem Laufenden zu halten und ihnen zu helfen, sich zu erinnern und zu lernen.
- Geben Sie Feedback individuell und persönlich, um die Teilnehmenden zu respektieren und zu schätzen und ihnen das Gefühl zu geben, dass Sie sich für sie interessieren.
- Geben Sie Feedback konstruktiv und positiv, um die Teilnehmenden zu ermutigen und zu unterstützen und ihnen zu helfen, ihre Stärken auszubauen und ihre Schwächen zu überwinden.
- Geben Sie Feedback konkret und klar, um die Teilnehmenden zu informieren und zu verständigen und ihnen zu helfen, ihre Ziele zu erreichen und ihre Probleme zu lösen.

Ein letzter wichtiger Tipp, den Sie beachten sollten, ist, wie Sie das Meeting abschließen:

8. Beenden Sie das Meeting professionell – fassen Sie die Ergebnisse und die nächsten Schritte zusammen und bedanken Sie sich bei allen. Der Meetingabschluss ist wichtig, weil es den Erfolg und die Zufriedenheit des Meetings sichert.

TIPPS für einen guten Meetingabschluss.

- Fassen Sie die Ergebnisse des Meetings zusammen, indem Sie die wichtigsten Erkenntnisse, Entscheidungen, Lösungen oder Maßnahmen hervorheben und visualisieren.
- Fassen Sie die nächsten Schritte des Meetings zusammen, indem Sie die konkreten Aufgaben, Verantwortlichkeiten, Termine oder Ressourcen festlegen und kommunizieren.
- Bedanken Sie sich bei allen Teilnehmenden für ihre Anwesenheit, ihr Engagement, ihren Beitrag oder ihre Kooperation und loben Sie sie für ihre Leistung und ihren Fortschritt.

- Wünschen Sie allen Teilnehmenden einen schönen Tag, eine gute Woche oder einen erfolgreichen Abschluss und verabschieden Sie sich freundlich und höflich.

METHODE. Meeting-Strichliste (Online- und Präsenz-Meetings)

Sheryl Sandberg, langjährige Top-Managerin bei Meta, wird nachgesagt, in ihren Meetings die „Strichliste"-Methode anzuwenden: Sie berief ihre Meetings ein, ohne ein Zeitlimit zu setzen. Sheryl führte mit einer handgeschriebenen Liste durch das Meeting. Sobald alle Punkte der Liste besprochen waren, beendete sie das Meeting umgehend. Diese Methode führt dazu, dass die Anwesenden sehr fokussiert und strukturiert die Punkte abarbeiten, um das Meeting nicht unnötig in die Länge zu ziehen. Außerdem wird mit dieser Methode das Ziel des Meetings klar in den Vordergrund gerückt und die Teilnehmenden in die Verantwortung für Inhalt und Zeit gesetzt.

Könnte diese Methode auch bei uns funktionieren, auch wenn sie überhaupt nicht einer deutschen Struktur und Ordnung entspricht? Probieren Sie es aus.

Was Sie auf keinen Fall tun sollten

Fünf Fehler, die Sie nicht machen sollten, und wie Sie sie vermeiden:

1. Zeigen Sie nie Ihre Unsicherheit – Unsicherheit kann dazu führen, dass Sie die Kontrolle über das Meeting verlieren oder nicht ernst genommen werden. Unsicherheit kann sich in Ihrer Körpersprache, Ihrer Stimme oder Ihrem Inhalt zeigen.

TIPPS für eine souveräne Moderation.

- Bereiten Sie sich gut vor und informieren Sie sich über das Thema, die Teilnehmenden, die Ziele und die Erwartungen des Meetings.
- Üben Sie Ihre Moderation im Voraus und lassen Sie sich von jemandem Feedback geben.
- Seien Sie selbstbewusst und souverän in Ihrem Auftreten und zeigen Sie Interesse und Freude an dem Thema und der Gruppe.

- Seien Sie ehrlich und transparent in Ihrer Kommunikation und Ihren Absichten und geben Sie zu, wenn Sie etwas nicht wissen oder einen Fehler machen.

2. Halten Sie keine Monologe – Monologe können langweilig und ermüdend sein und die Kreativität und das Engagement der Teilnehmenden hemmen. Gestalten Sie Ihre Moderation interaktiv und dialogisch und regen Sie die Teilnehmenden zum Austausch an.

TIPPS für eine abwechslungsreiche Moderation.

- Stellen Sie offene, relevante, interessante und provokante Fragen, die die Teilnehmenden zum Nachdenken, zum Argumentieren oder zum Experimentieren anregen.
- Hören Sie aktiv zu und geben Sie den Teilnehmenden das Gefühl, verstanden und wertgeschätzt zu werden.
- Fassen Sie die Meinungen der Teilnehmenden zusammen und geben Sie ihnen Feedback oder Anregung.

3. Setzen Sie die Teilnehmenden nie unter Zeitdruck – Zeitdruck kann die Qualität der Diskussion und der Ergebnisse beeinträchtigen und die Teilnehmenden frustrieren oder verunsichern. Zeitdruck kann dazu führen, dass Sie zu hastig oder hektisch werden und die wichtigen Punkte übergehen oder vernachlässigen.

TIPPS für eine entspannte Moderation.

- Planen Sie die Zeit für das Meeting im Voraus und legen Sie die Dauer, die Pausen und die Ergebnisse fest.
- Informieren Sie die Teilnehmenden über die Zeit für das Meeting und erinnern Sie sie daran, wenn nötig.
- Nutzen Sie die Zeit für das Meeting effektiv und effizient, ohne zu hetzen oder zu trödeln.
- Priorisieren Sie die Zeit für die wichtigsten oder dringendsten Punkte, ohne die anderen zu vernachlässigen oder zu vergessen.

4. Bringen Sie keine eigenen Ideen ein – eigene Ideen können die Meinungsbildung der Teilnehmenden beeinflussen oder sogar manipulieren und Sie in einen Interessenkonflikt bringen: Ihre eigenen Ideen können dazu führen, dass Sie nicht neutral bleiben und sich in die Diskussion einmischen.

TIPPS für eine objektive Moderation.

- Seien Sie klar und deutlich in Ihrer Rolle als Moderator oder Moderatorin und machen Sie deutlich, dass Sie die Gruppe unterstützen und nicht beeinflussen wollen.
- Geben Sie keine Bewertungen, Urteile oder Ratschläge ab, sondern lassen Sie die Gruppe selbst entscheiden.
- Seien Sie fair und gerecht in Ihrem Umgang mit den Teilnehmenden und achten Sie darauf, dass alle zu Wort kommen und niemand dominiert oder untergeht.
- Seien Sie flexibel und anpassungsfähig in Bezug auf die Situation und das Ziel und lassen Sie Raum für Fragen, Anmerkungen oder Vorschläge.

5. Lassen Sie keine persönlichen Befindlichkeiten zu – persönliche Befindlichkeiten können die Atmosphäre im Meeting stören und zu Konflikten oder Respektlosigkeit führen. Persönliche Befindlichkeiten können sich in Ihren Emotionen oder Ihren Vorurteilen zeigen.

TIPPS für eine sachliche Moderation.

- Seien Sie professionell und sachlich in Ihrer Moderation und lassen Sie sich nicht von Ihren Gefühlen oder Meinungen leiten.
- Seien Sie tolerant und akzeptierend in Ihrer Haltung und respektieren Sie die unterschiedlichen Meinungen, Interessen, Werte und Persönlichkeiten der Teilnehmenden.
- Seien Sie konstruktiv und fördernd in Ihrem Feedback und geben Sie den Teilnehmenden Rückmeldung über ihre Stärken und Schwächen.
- Seien Sie anerkennend und lobend und bedanken Sie sich bei den Teilnehmenden für ihren Beitrag und ihre Leistung.

Wie Sie im Meeting Ihre Rolle finden

Als Führungskraft und als Moderator bzw. Moderatorin haben Sie unterschiedliche Rollen und Aufgaben. Manchmal kommen Sie in Konflikt mit sich selbst oder mit anderen. Manchmal sind Sie unsicher, wie Sie sich verhalten sollen oder was Sie tun sollen, und manchmal müssen Sie abwägen, ob Sie mehr Führungskraft oder mehr Moderator oder Moderatorin sein wollen.

EXKURS. Protokollant und Zeitnehmerin

Als Moderator bzw. Moderatorin sind Sie nicht der oder die Einzige mit einer Rolle im Meeting: Es gibt noch zwei weitere Rollen, die oft mit der Moderatorenrolle verwechselt oder ihm zusätzlich aufgebürdet werden: die Rolle des Zeitnehmers und die Rolle des Protokollanten. Ich appelliere an alle Moderatoren bzw. Moderatorinnen, nicht auch noch die Rolle der Zeitnehmerin und des Protokollanten zu übernehmen, sondern diese an andere Teilnehmende zu delegieren.

Denn Sie als Moderator bzw. Moderatorin sollten sich auf Ihre Kernkompetenz konzentrieren: auf die Interaktion mit den Menschen im Raum. Sie beobachten Ihre Teilnehmenden, analysieren sie, beziehen sie ein und begrenzen sie, wenn es sein muss. Sie steuern die Gruppendynamik, fördern die Kommunikation, nutzen die Meinungsvielfalt und unterstützen die Entscheidungsfindung. Sie führen das Meeting zum Erfolg, indem Sie die Ziele erreichen und die Erwartungen erfüllen.

Wie könnten Sie das alles tun, wenn Sie gleichzeitig auch noch die Rolle der Zeitnehmerin und des Protokollanten übernehmen? Sie würden sich verzetteln, ablenken, überfordern und Ihre Aufmerksamkeit vom Wesentlichen abwenden, von den Menschen im Raum. Sie würden Ihre Energie verschwenden, und Ihre Leidenschaft würde durch Routineaufgaben verlorengehen. Sie würden ein wichtiges Element verlieren – Ihren FOKUS!

Wenn Teilnehmende die Rolle des Zeitnehmers und der Protokollantin übernehmen, hat das mehrere Vorteile: Sie werden entlastet und binden andere ein, indem Sie ihnen Verantwortung und Wertschätzung übertragen. Zudem wird die Qualität des Meetings erhöht, weil Sie Rollen an diejenigen vergeben, die dafür geeignet und motiviert sind.

An wen die Rollen vergeben werden, hängt vom Meeting und von den Teilnehmenden ab. Sie sollten sie nicht willkürlich oder nach dem Zufallsprinzip verteilen, sondern nach bestimmten Kriterien: Die Rolle des Zeitnehmers sollte an eine Person gehen, die zuverlässig, strukturiert und durchsetzungsstark ist. Diese sollte in der Lage sein, die Zeit im Auge zu behalten, die Agenda einzuhalten, die anderen Teilnehmenden zu erinnern und ggfs. zu mahnen. Die Rolle des Protokollanten sollte an eine Person gehen, die sorgfältig, genau und schriftgewandt ist. Diese sollte in der Lage sein, die wesentlichen Punkte des Meetings festzuhalten, die Ergebnisse und Maßnahmen zu dokumentieren, das Protokoll zu erstellen und zu verteilen.

In Deutschland ist es weit verbreitet, dass jeder im Raum mal mit dem Protokoll an der Reihe ist. Das führt oft zu schlechten Protokollen, die unvollständig, unübersichtlich oder unverständlich sind, weil viele Teilnehmende keine Lust auf das Schreiben des Protokolls haben und es als lästige Pflicht empfinden, die sie von der aktiven Teilnahme am Meeting abhält. Protokollant sollte also eine Person sein, die auch Lust darauf hat. Häufig sind es die leisen und gefühlsorientierten Menschen, die diese Aufgabe gerne übernehmen.

Als Führungskraft haben Sie oft die Aufgabe, Entscheidungen zu treffen, die für Ihr Unternehmen oder Ihre Abteilung wichtig sind. Sie geben die Richtung und die Strategie vor und setzen sie um, beurteilen und fördern die Leistung Ihrer Mitarbeitenden, verteilen und optimieren deren Ressourcen und die Zeit für die Projekte. Sie pflegen und koordinieren die Kommunikation und die Zusammenarbeit mit anderen Führungskräften, Abteilungen oder externen Partnern, übernehmen die Vorbildfunktion für Ihre Mitarbeitenden und bieten ihnen Orientierung und Motivation, gehen mit Konflikten oder Widerständen um und lösen oder überwinden sie. Sie initiieren oder setzen die Veränderungen oder Innovationen im Unternehmen oder in der Abteilung um und finden und halten die Balance zwischen den Anforderungen Ihrer Rolle und Ihren persönlichen Bedürfnissen oder Werten.

Als Moderator oder Moderatorin unterstützen Sie die Entscheidungsfindung der Gruppe, ohne selbst Partei zu ergreifen oder zu beeinflussen. Sie präsentieren die Agenda klar und strukturiert, um die Erwartungen des Publikums zu erfüllen, leiten die Diskussion, indem Sie Fragen stellen, das Wort erteilen, Meinungen zusammenfassen und Konflikte lösen. Sie motivieren die Teilnehmenden, indem Sie sie aktiv einbeziehen, Feedback geben und Lob aussprechen, behalten die Zeit im Auge, um das Meeting im Rahmen zu halten und die wichtigsten Punkte zu behandeln. Sie gewährleisten die Qualität und die Kreativität der Gruppenarbeit, auch wenn dies mehr Ressourcen oder Zeit erfordert, und verbessern und moderieren die Kommunikation und die Zusammenarbeit innerhalb der Gruppe, ohne sich um externe Einflüsse zu kümmern. Sie stellen die Gruppe als Ganzes in den Mittelpunkt und gleichen die individuellen Stärken und Schwächen der Mitglieder aus. Dabei nutzen Sie die Konflikte oder Widerstände der Gruppe als Chance für Lernen und Entwicklung und bearbeiten oder lösen sie und begleiten oder unterstützen die Veränderungen oder Innovationen in der Gruppe, ohne sie zu erzwingen oder zu verhindern. Sie finden und halten die Balance zwischen den Anforderungen Ihrer Rolle und den Bedürfnissen oder Werten der Gruppe, ohne sich selbst zu vernachlässigen oder zu überfordern.

Sie haben viele Chancen, als Führungskraft und als Moderator oder Moderatorin zu wachsen, zu helfen und zu gestalten. Sie haben aber auch die Verantwortung, Ihre Rolle zu finden und auszufüllen. Sie müssen die Balance zwischen den Anforderungen Ihrer Rolle und Ihren persönlichen Bedürfnissen oder Werten finden und halten. Sie müssen die Balance zwischen den Bedürfnissen oder Werten der Gruppe und den Anforderungen Ihrer Rolle finden und halten. Das ist nicht immer einfach, aber es lohnt sich. Denn wenn Sie Ihre Rolle als Führungskraft und Moderator oder Moderatorin finden, können *Sie* den Unterschied machen, ob Ihr Meeting produktiv oder unproduktiv abläuft.

- Seien Sie sich bewusst, welche Rolle Sie in welchem Moment einnehmen und warum. Reflektieren Sie, ob Sie als Führungskraft oder als Moderator bzw. Moderatorin agieren müssen oder wollen und welche Vorteile oder Nachteile das hat.
- Seine Sie sich klar darüber, welche Ziele Sie verfolgen und welche Ergebnisse Sie erwarten. Sie definieren, was Sie mit dem Meeting erreichen wollen und wie Sie den Erfolg messen können.
- Seien Sie sich der Werte bewusst, die Sie vertreten, und der Prinzipien, die Sie befolgen. Sie entscheiden, was Ihnen wichtig ist und was Sie nicht aufgeben wollen.
- Seien Sie sich treu, ohne sich selbst zu überschätzen oder zu unterschätzen. Sie erkennen Ihre Stärken und Schwächen an und nutzen sie für Ihre Rolle.
- Vertrauen Sie sich, ohne sich selbst zu isolieren oder zu überfordern. Verlassen Sie sich auf Ihre Fähigkeiten und Erfahrungen, aber auch auf die Unterstützung und das Feedback anderer.
- Helfen Sie sich, indem Sie sich selbst nicht vernachlässigen oder vergessen. Sie suchen und bieten Hilfe an, wenn Sie sie brauchen oder anbieten können, planen aber auch Zeit und Raum ein für sich selbst.
- Nehmen Sie sich Zeit, ohne sich selbst zu hetzen oder zu stressen. Sie planen und nutzen die Zeit für das Meeting effektiv und effizient, aber auch für die Vorbereitung und die Nachbereitung.

- Geben Sie sich Raum, ohne sich selbst zu verlieren oder zu verstecken. Sie gestalten und nutzen den Raum für das Meeting ansprechend und angemessen, aber auch für die Präsentation und die Visualisierung.
- Holen Sie sich Feedback, ohne sich selbst zu kritisieren oder zu loben. Sie bitten und geben Feedback, um sich zu informieren, zu verbessern oder zu bestätigen, aber auch um zu loben oder zu danken.
- Erlauben Sie sich Fehler, ohne sich selbst zu verurteilen oder zu entschuldigen. Auch Sie machen Fehler und lernen daraus, um sich zu entwickeln oder zu verändern, aber auch um zu akzeptieren oder zu verzeihen.

Ihre Rolle als Gastgeber bzw. Gastgeberin

Als Moderator oder Moderatorin des Meetings versenden Sie eine Einladung – Sie laden ein! Auch im Privaten laden Sie Menschen ein: zu Ihrem Geburtstag, zur Hochzeit oder zu einer Feierlichkeit, die Ihnen wichtig ist. Mit der ausgesprochenen Einladung übernehmen Sie automatisch die Rolle des oder der Gastgebenden. Warum dann nicht auch im beruflichen Umfeld? Mir hat dieser Vergleich sehr geholfen, meine Rolle als Moderator besser zu verstehen und auszufüllen.

Welche Eigenschaften ein Gastgeber bzw. eine Gastgeberin besitzen sollte:

- Freundlichkeit: Ein Gastgeber bzw. eine Gastgeberin sollte immer ein Lächeln auf dem Gesicht haben, die Gäste begrüßen und verabschieden, ihnen Komplimente machen und ihnen helfen, wenn sie etwas brauchen.
- Aufmerksamkeit: Ein Gastgeber bzw. eine Gastgeberin sollte sich für die Gäste interessieren, ihnen zuhören, Fragen stellen, auf ihre Wünsche eingehen und ihnen das Gefühl geben, dass sie wichtig sind.
- Großzügigkeit: Ein Gastgeber bzw. eine Gastgeberin sollte die Gäste mit Essen, Getränken, Unterhaltung und Geschenken verwöhnen und nicht geizig oder knauserig sein, sondern immer mehr anbieten, als erwartet wird.
- Humor: Ein Gastgeber bzw. eine Gastgeberin sollte mit den Gästen Spaß machen, sie zum Lachen bringen, Witze erzählen und lustige Geschichten teilen. Er oder sie sollte nicht langweilig oder ernst sein, sondern immer für eine gute Stimmung sorgen.
- Charme: Ein Gastgeber bzw. eine Gastgeberin sollte die Gäste mit Respekt und Höflichkeit behandeln, ihnen Komplimente machen, ihnen danken und sich von ihnen verabschieden.

Wie ein Gastgeber bzw. eine Gastgeberin niemals sein sollte:

- Unhöflich: Ein Gastgeber bzw. eine Gastgeberin sollte die Gäste nicht beleidigen, ignorieren, unterbrechen oder kritisieren. Er oder sie sollte auch nicht über sie lästern, sie ausschließen oder ihnen drohen.
- Unvorbereitet: Ein Gastgeber bzw. eine Gastgeberin sollte eine klare Vorstellung davon haben, was den Gästen angeboten werden soll. Er oder sie sorgt für genügend Speisen und Getränke und für Sauberkeit in den Räumen.
- Desinteressiert: Ein Gastgeber bzw. eine Gastgeberin sollte sich nicht nur um sich selbst kümmern, sondern auch um die Gäste. Er oder sie sollte nicht nur von sich erzählen, sondern vor allem zuhören, ihnen die eigene Meinung nicht aufdrängen, sondern auch andere Meinungen akzeptieren.
- Unflexibel: Ein Gastgeber bzw. eine Gastgeberin sollte sich auf die Vorlieben und Bedürfnisse der Gäste einstellen, sich der Situation anpassen und Kompromisse eingehen.
- Uninteressiert: Ein Gastgeber bzw. eine Gastgeberin sollte neugierig und offen für die Themen der Gäste sein, sich ihnen mit Charme und Humor zuwenden und in der Lage sein, Spannendes und Wissenswertes zu erzählen.

Sie merken: Es gibt große Übereinstimmungen zwischen den Qualitäten eines guten Gastgebers und der eines guten Moderators. Wenn Sie sich in die Rolle des Gastgebers bzw. der Gastgeberin versetzen, kann Ihnen das helfen, Ihre Moderatorenrolle zu verstehen und zu übernehmen. Wenn Sie Gäste haben, möchten Sie, dass diese sich bei Ihnen wohlfühlen, dass sie gerne bei Ihnen sind und auch gerne wiederkommen. Das sollte auch Ihr Anspruch als Moderator oder Moderatorin – und Ihre Teilnehmenden freuen sich auf das nächste Meeting mit Ihnen!

Machen Sie das nächste Meeting zum besten Meeting Ihres Lebens!

Gestalten Sie ein Meeting, das Sie und Ihre Teilnehmenden begeistert!
Gestalten Sie ein Meeting, das Sie und Ihre Teilnehmenden inspiriert!
Gestalten Sie ein Meeting, das Sie und Ihre Teilnehmenden weiterbringt!
Gestalten Sie ein Meeting, das Sie und Ihre Teilnehmenden glücklich macht!
Gestalten Sie ein Meeting, das Sie und Ihre Teilnehmenden nie vergessen werden!

Das klingt zu schön, um wahr zu sein? Nein, das ist möglich. Und Sie können es schaffen. Sie können das nächste Meeting zum besten Meeting Ihres Lebens machen!

Ändern Sie Ihre Einstellung. Denken Sie nicht mehr negativ, meckern Sie nicht mehr, resignieren Sie nicht mehr und langweilen Sie nicht mehr. Gestalten Sie Ihr nächstes Meeting positiv, loben Sie Ihre Teilnehmenden und inspirieren und faszinieren Sie durch Ihre Meetingführung.

Sie sind Moderator bzw. Moderatorin und somit Gastgeber und Leader. Sie haben die Macht, die Atmosphäre zu bestimmen. Sie haben die Verantwortung, das Meeting zu einem Erfolg zu werden zu lassen. Sie haben die Chance, die Teilnehmenden zu beeindrucken.

Synchron oder asynchron?

Es war ein regnerischer Dienstagvormittag im Büro von Schmidt & Partner, einer großen Agentur für Werbung. Die Belegschaft hatte sich im Konferenzraum versammelt, um das monatliche Meeting abzuhalten. Die Chefin, Frau Schmidt, stand vorne und präsentierte Folie um Folie, Statistik um Statistik. Die Mitarbeitenden saßen auf ihren Stühlen und versuchten, ihr zu folgen. Aber es war nicht einfach. Sie wurden müde, schläfrig und abwesend. Sie hatten schon viele solcher Meetings erlebt und wussten, dass sie viel zu lang und viel zu detailliert waren. Und dann tauchen andere Dinge in den Köpfen auf.

Herr Müller, der Grafikdesigner, dachte an seinen Hund, den er heute Morgen für eine Hüftoperation zum Tierarzt gebracht hatte. Er wollte ihn so schnell wie möglich abholen und nach Hause bringen, um sich um ihn zu kümmern.

Frau Meier, die Texterin, dachte an ihren Roman, den sie in ihrer Freizeit schrieb. Sie hatte eine großartige Idee für das nächste Kapitel und wollte sie notieren, bevor sie sie vergaß.

Herr Schmitz, der Webentwickler, dachte an seine Freundin, die heute Geburtstag hatte. Er hatte noch kein Geschenk für sie und wollte ihr etwas Besonderes kaufen.

Frau Schmied, die Projektmanagerin, dachte an ihre Tochter, die heute ihre erste Ballettaufführung hatte. Sie war stolz auf sie und wollte rechtzeitig im Zuschauerraum sein, um einen guten Platz zu bekommen.

Und schließlich Azubi Paul, der zum ersten Mal an dem monatlichen Meeting teilnahm und voller Verwunderung die geistig abwesenden Kolleginnen und Kollegen sah. Da erlaubte auch er sich ein Abschweifen, und der großartige FC Schalke 04 nahm Platz in seinen Gedanken ein.

PowerPoint-Schlachten in Arial 8 bis Seite 48 oder Excel-Friedhöfe bis Zelle BC268 sind der Tod eines jeden Meetings. Da können Sie noch so ein perfektes Meetingziel und die richtigen Teilnehmenden eingeladen haben: Sie verlieren deren Aufmerksamkeit und werden Ihr Meetingziel nicht erreichen. Mit müden, schläfrigen und geistig abwesenden Teilnehmenden ist eben nicht viel zu machen.

Über was denken Sie eigentlich bei dieser Art von Meetings nach? Über Ihren nächsten Urlaub, das nächste Auto, das kommende Wochenende mit Freunden? Im besten unternehmerischen Fall denken Sie über Ihre To-dos, Ihre E-Mails, das nächste Mitarbeitergespräch oder ein Projekt nach. Wir alle haben das schon erlebt und wir alle haben uns gefragt: „Watt soll dat hier?"

Eine Person im Raum ist jedoch immer hochkonzentriert und fokussiert – die Person, die die Präsentation vorträgt oder das Excelsheet erläutert. Diese Person hat viel Energie in ihre Arbeit gesteckt und darf ihr Wissen nun vortragen. Leider hört ihr keiner zu, und so geht viel Energie und Zeit verloren, das Wissen kommt nicht an und das Meetingziel wird nicht erreicht. Welch eine Verschwendung von Ressourcen!

Um zu verstehen, was bei Meetings (sowohl bei Online- als auch bei Präsenz-Meetings) passiert, ist es hilfreich, sich mit synchroner und asynchroner Kommunikation zu beschäftigen. Ich zeige Ihnen, welche Präsentationsformen die beiden Arten der Kommunikation unterstützen und somit Ihr Meeting zu einem Erfolg machen können.

Synchrone Kommunikation

Synchrone Kommunikation ist eine Form der Kommunikation, bei der Sie und Ihre Gesprächspartner gleichzeitig anwesend sind und miteinander reden. Das heißt, Sie können sich direkt austauschen und sofort Feedback geben oder bekommen. Sie ist oft lebendiger und persönlicher als asynchrone Kommunikation, weil Sie mehr Kontakt und Verbindung zu den anderen haben.

Vorteile der synchronen Kommunikation:

- Schnelle Klärung von Fragen: Synchrone Kommunikation hilft Ihnen, schnell Fragen zu beantworten, Probleme zu lösen oder Anliegen zu besprechen. Wartezeiten und Missverständnisse können vermieden werden. Richtig eingesetzt, erleichtert synchrone Kommunikation Ihre Arbeit und beschleunigt sie.
- Kreative Inspiration: Synchrone Kommunikation fördert Ihre Kreativität und Innovation, indem Sie Ideen, Meinungen und Erfahrungen mit den anderen teilen. Sie können umgehend auf Ideen und Vorschläge eingehen, sie weiterentwickeln und darüber entscheiden.
- Emotionale Bindung: Synchrone Kommunikation stärkt Ihre Beziehungen und Ihr Engagement, weil Sie die Emotionen, Motivationen und Bedürfnisse Ihrer Gesprächspartner wahrnehmen. Sie sehen, hören und spüren auch unterschwellig, was gesagt wird, Ihre Sinne sind eingeschaltet und Sie können Lob, Anerkennung und auch Tadel umgehend mitnehmen.

Nachteile der synchronen Kommunikation:

- Zeitdruck: Synchrone Kommunikation erfordert, dass Sie und Ihre Gesprächspartner zur gleichen Zeit verfügbar und aufmerksam sind, was nicht immer möglich oder sinnvoll ist. Manchmal muss ein Meeting aufgrund unterschiedlicher Zeitzonen auch mitten in der Nacht stattfinden.
- Ablenkung: Synchrone Kommunikation kann Ihre Konzentration und Ihren Fokus stören, weil Sie von anderen wichtigen Aufgaben oder Prioritäten abgelenkt werden. Sie müssen sich nach den anderen richten, auch wenn es bei Ihnen gerade nicht passt und Sie Ihre Arbeit unterbrechen müssen.
- Missverständnisse: Synchrone Kommunikation kann die Verständigung erschweren. Sie oder Ihre Gesprächspartner können zu vorschnellen oder unbedachten Äußerungen verleitet werden, weil der bekannte Ratschlag „Schlaf mal ne Nacht drüber“ dann nur schwer umzusetzen ist.

Beispiele für synchrone Kommunikation:

- Ein persönliches Gespräch mit einem Freund oder einer Freundin – Sie stehen sich direkt gegenüber, können sich in die Augen schauen, Gesten und Mimik wahrnehmen und sofort aufeinander reagieren. Dies ist oft eine sehr angenehme und vertraute Form der Kommunikation, die Ihre Freundschaft stärkt und vertieft.
- Ein Telefonat mit einem Kunden oder einer Kundin – Sie hören sich direkt über eine Sprachverbindung und antworten sofort. Sie können den Tonfall und die Stimmung des oder der anderen erkennen und schnell auf Fragen, Probleme oder Wünsche eingehen. Dies ist oft eine sehr effektive und professionelle Form der Kommunikation, die Ihre Kundenbeziehung verbessert und pflegt.
- Eine Videokonferenz mit einem Team oder einer Gruppe – Sie und Ihre Gesprächspartner sehen und hören sich über eine Bild- und Tonverbindung. Sie können die Gesichter und Körperhaltungen der anderen beobachten und gemeinsam an Ideen, Lösungen oder Projekten arbeiten. Dies ist oft eine sehr kreative und innovative Form der Kommunikation, die Ihre Teamarbeit fördert und unterstützt.
- Eine Instant-Messaging-Unterhaltung mit einem Kollegen oder einer Kollegin – Sie tauschen sich schnell und direkt über kurze Textnachrichten aus. Dabei können Sie Emojis oder GIFs verwenden, um Ihre Emotionen oder Reaktionen auszudrücken und kurz und knapp Informationen oder Feedback zu geben. Dies ist oft eine sehr praktische und unkomplizierte Form der Kommunikation, die Ihren Kontakt erleichtert und beschleunigt.
- Ein Meeting mit einem Projektteam oder einer Arbeitsgruppe – Sie und Ihre Gesprächspartner treffen sich in Präsenz oder online und diskutieren miteinander. Sie können sich gegenseitig zuhören, Meinungen und Argumente austauschen und gemeinsam Entscheidungen treffen. Dies ist oft eine sehr wichtige und

anspruchsvolle Form der Kommunikation, die Ihre Zusammenarbeit fördert und fordert.

Asynchrone Kommunikation

Asynchrone Kommunikation ist eine Form der Kommunikation, bei der Sie und Ihre Gesprächspartner nicht gleichzeitig anwesend sind und nicht direkt miteinander reden. Das heißt, Sie können sich nicht direkt austauschen und können nicht sofort Feedback geben oder bekommen. Asynchrone Kommunikation ist oft weniger persönlich und direkter als synchrone, weil Sie weniger Kontakt und Verbindung zu Ihren Gesprächspartnern haben.

Vorteile der asynchronen Kommunikation:

- Zeitersparnis: Asynchrone Kommunikation ermöglicht es Ihnen, Ihre Zeit flexibel und selbstbestimmt einzuteilen. Sie können Ihre Nachrichten senden oder empfangen, wann immer es Ihnen passt, und müssen nicht auf die Verfügbarkeit oder Aufmerksamkeit Ihrer Gesprächspartner warten oder achten.
- Konzentration: Asynchrone Kommunikation hilft Ihnen, Ihre Konzentration und Ihren Fokus zu bewahren, weil Sie sich nicht von anderen wichtigen Aufgaben oder Prioritäten ablenken lassen. Sie können Ihre Nachrichten in Ruhe und Privatsphäre lesen oder schreiben und müssen sich nicht ständigen Unterbrechungen oder Störungen aussetzen.
- Überlegte Reaktion: Asynchrone Kommunikation fördert das gute Verhältnis zu Ihren Gesprächspartnern, weil Sie sich mehr Zeit und Raum für Ihre Äußerungen nehmen können. Sie können Ihre Nachrichten sorgfältig und genau formulieren und überprüfen und müssen sich nicht zu vorschnellen oder unbedachten Äußerungen verleiten lassen.

Nachteile der asynchronen Kommunikation:

- Verzögerung: Asynchrone Kommunikation erfordert, dass Sie und Ihre Gesprächspartner eine längere oder kürzere Verzögerung zwischen dem Senden und Empfangen Ihrer Nachrichten in Kauf nehmen. Sie können nicht sofort auf Fragen, Probleme oder Wünsche reagieren und müssen möglicherweise länger auf eine Antwort oder eine Lösung warten.
- Isolation: Asynchrone Kommunikation kann Ihre Isolation und die Distanz zu Ihren Gesprächspartnern erhöhen, weil Sie weniger Emotionen, Motivationen und Bedürfnisse Ihrer Gesprächspartner wahrnehmen. Sie können den anderen weniger Anerkennung, Lob und Wertschätzung ausdrücken oder von ihnen

erhalten und müssen möglicherweise mehr Anstrengung aufbringen, um eine gute Beziehung aufzubauen oder zu unterhalten.

- Missverständnisse: Asynchrone Kommunikation kann Missverständnisse und Unklarheiten verstärken, weil die Bedeutung oder die Absicht der Nachrichten schwerer zu übermitteln oder zu verstehen ist. Sie müssen möglicherweise häufiger nachfragen oder Erklärungen anfordern oder liefern.

Beispiele für asynchrone Kommunikation:

- Ein Brief an einen Freund oder eine Freundin – Sie und Ihr Gesprächspartner teilen sich schriftlich mit; es gibt eine lange Verzögerung zwischen dem Versenden und Empfangen der Botschaft. Sie können Ihre Gedanken, Gefühle und Erlebnisse jedoch ausführlich und persönlich beschreiben und müssen sich nicht beeilen oder unterbrechen. Dies ist oft eine sehr intime und vertraute Form der Kommunikation, die Ihre Freundschaft stärkt und vertieft.
- Eine E-Mail an einen Kunden oder eine Kundin – Sie tauschen sich über elektronische Wege aus und müssen mit einer kurzen oder langen Verzögerung zwischen dem Versenden und Empfangen rechnen. Sie können Ihre Informationen, Angebote oder Anfragen jedoch klar und präzise formulieren und müssen sich nicht ablenken oder stören lassen. Dies ist oft eine sehr effiziente und professionelle Form der Kommunikation, die Ihre Kundenbeziehung verbessert und pflegt.
- Ein Memo an einen Kollegen oder eine Kollegin – die schriftliche oder elektronische Mitteilung erreicht den Empfänger erst mit einer kurzen oder langen Verzögerung. Sie können Ihre Anweisungen, Erinnerungen oder Hinweise kurz und knapp vermitteln und müssen sich nicht wiederholen oder erklären. Dies ist oft eine sehr praktische und unkomplizierte Form der Kommunikation, die das Miteinander erleichtert und beschleunigt.
- Eine Videoaufzeichnung für ein Team oder eine Gruppe – Sie und Ihre Gesprächspartner teilen sich über ein aufgenommenes Video mit, das die andere Seite erst nach einer kurzen oder langen Verzögerung nach dem Erstellen erreicht. Sie können Ihre Präsentation, Demonstration oder Erklärung sorgfältig und genau vorbereiten und durchführen und müssen sich nicht unterbrechen oder korrigieren. Dies ist oft eine sehr lehrreiche und inspirierende Form der Kommunikation, die Ihr Lernen oder Ihre Weiterbildung fördert und bereichert.
- Ein Web-Forum oder eine Intranet-Mitteilung für ein Projekt oder eine Arbeitsgruppe – die Mitteilungen über eine Online-Plattform gehen mit einer kurzen oder langen Verzögerung zwischen dem Posten und Lesen einher. Sie können Ihre Ideen, Meinungen oder Feedback teilen und diskutieren und müssen sich nicht einigen oder entscheiden. Dies ist oft eine sehr kreative und innovative Form der Kommunikation, die Ihre Zusammenarbeit fördert und unterstützt.

Synchrone Kommunikationswege eignen sich somit, um über Themen zu sprechen, die dringend, komplex oder emotional sind. Zum Beispiel, wenn Sie eine wichtige Entscheidung treffen, ein schwieriges Problem lösen oder eine persönliche Angelegenheit besprechen müssen. Synchrone Kommunikation ermöglicht Ihnen, direkt und persönlich mit Ihren Gesprächspartnern zu interagieren und sofort Feedback zu geben oder zu erhalten. Sie können auch nonverbale Signale wie Gesten, Mimik oder Tonfall nutzen, um Ihre Botschaft zu verstärken oder zu verdeutlichen.

Über asynchrone Kommunikationswege können Sie besser Themen kommunizieren, die routinemäßig, einfach oder informativ sind. Sie müssen eine Statusmeldung geben, eine Anfrage stellen oder eine Information teilen. Zeit und Raum können Sie für Ihre Kommunikation frei gestalten und nutzen. Sie können Ihre Nachrichten sorgfältig und genau formulieren und überprüfen und müssen sich nicht beeilen oder unterbrechen.

Die Mischung macht‘s

Was hat das nun mit der PowerPoint-Schlacht in Arial 8 bis Seite 48 oder dem Excel-Friedhof bis Zelle BC268 und dem „Watt soll dat hier?“ zu tun?

Ganz einfach: Sie wissen nun: Umfangreiche PowerPoint-Präsentationen und ellenlange Exceltabellen eigenen sich nicht für die synchrone Kommunikation. Die Teilnehmenden verlieren schnell die Lust am Zuhören und die Konzentration und denken an etwas ganz anderes. Sie wünschen sich, dass das Meeting schnell vorbei ist und sie sich wieder Ihren wichtigen Aufgaben widmen können.

Synchrone Kommunikation ist eine Form der Kommunikation, bei der Sie und Ihre Gesprächspartner gleichzeitig anwesend sind und miteinander reden. Das heißt, Sie können sich direkt austauschen und sofort Feedback geben oder bekommen. Synchrone Kommunikation ist oft lebendiger und persönlicher als asynchrone Kommunikation, weil Sie hier mehr Kontakt und Verbindung zu Ihren Gesprächspartnern haben. Wenn Sie in einem Meeting aber solche gewaltigen Dokumente präsentieren, riskieren Sie, Ihre Teilnehmenden zu langweilen, zu überfordern oder zu verwirren. Dadurch, dass Sie mit Ihrer Mammut-Präsentation beschäftigt sind, verlieren Sie die Möglichkeit, direkt und persönlich mit Ihren Teilnehmenden zu kommunizieren und sofort Feedback zu geben oder zu bekommen. Sie nutzen die Vorteile der synchronen Kommunikation nicht aus und erzielen keine guten Ergebnisse.

Sie sollten stattdessen Ihre Dokumente vor dem Meeting an Ihre Teilnehmenden schicken und sie bitten, sie durchzulesen und Fragen oder Kommentare vorzubereiten. So sparen alle Zeit und Energie: Sie können Ihre Dokumente in Ruhe schreiben und müssen sich nicht beeilen oder unterbrechen. Sie können sorgfältig und genau formulieren und überprüfen und müssen sich nicht zu vorschnellen oder unbedachten Äußerungen verleiten lassen. So nutzen die Vorteile der asynchronen Kommunikation aus und erzielen bessere Ergebnisse.

Dann können Sie in Ihrem Meeting die wichtigsten Punkte zusammenfassen, die Fragen oder Kommentare Ihrer Teilnehmenden beantworten oder diskutieren und gemeinsam Entscheidungen treffen oder Lösungen finden. Das ist eine bessere Nutzung der synchronen Kommunikation, die Ihr Meeting effektiver, kreativer und zufriedenstellender macht: Sie können direkt und persönlich mit Ihren Teilnehmenden interagieren und sofort Feedback geben oder bekommen. Sie können auch nonverbale Signale wie Gesten, Mimik oder Tonfall nutzen, um Ihre Botschaft zu verstärken oder zu verdeutlichen. Sie schaffen eine gute Atmosphäre und eine gute Beziehung zu Ihren Teilnehmenden.

Nutzen Sie das Beste aus beiden Welten, um die Dynamik und die Interaktion zu erhöhen:

PowerPoint-Präsentationen:

- Verschicken Sie Ihre großen Präsis und Tabellen asynchron rechtzeitig im Vorfeld des Meetings.
- Bitten Sie die Meetingteilnehmenden um Durchsicht und Vorbereitung.
- Bitten Sie die Meetingteilnehmenden, ihre Fragen zu den Dokumenten zu notieren.
- Konzentrieren Sie sich im synchronen Meeting auf die wichtigsten drei Folien oder Kennzahlen.
- Bitten Sie um Feedback, Fragen oder Kommentare zu dem Gezeigten.

Umfragen:

- Führen Sie vor einem synchronen Meeting eine asynchrone Umfrage durch, um die Meinungen, Erwartungen oder Bedürfnisse Ihrer Teilnehmenden zu erfassen.

Nachbereitung:

- Führen Sie nach einem synchronen Meeting eine asynchrone Nachbereitung durch, um die Ergebnisse, das Feedback oder die Verbesserungsvorschläge Ihrer Teilnehmenden zu sammeln.

Pausen:

- Legen Sie in einem synchronen Meeting eine asynchrone Pause ein, um Ihren Teilnehmenden Zeit zum Nachdenken, Recherchieren oder Entspannen zu geben.

Kommentare:

- Nutzen Sie in einem synchronen Meeting eine asynchrone Plattform, um Ihren Teilnehmenden die Möglichkeit zu geben, Fragen zu stellen, Kommentare abzugeben oder Umfragen zu beantworten.

METHODE. Gallery Walking (Präsenz-Meetings)

PowerPoint-Schlachten und Excel-Friedhöfe sind ermüdend und frustrierend - nicht für den Vortragenden, doch für die meisten Teilnehmenden. Dennoch sind Zahlen-Daten-Fakten (ZDF) unternehmerisch wichtig und existenziell. Mit „Gallery Walking" als Methode schaffen Sie den Spagat zwischen der Notwendigkeit von ZDF und der Energie für ein Meeting:

Angelehnt an einen Museumsbesuch, bei dem Sie von Bild zu Bild gehen, dieses betrachten und ggfs. mit Ihrer Begleitung diskutieren, erstellen Sie im Vorfeld des Meetings Ihre wichtigsten Inhalte auf drei Seiten. Diese hängen Sie dann im DIN-A2-Format ausgedruckt im Meetingraum aus. Sobald das Thema an der Reihe ist, bitten Sie Ihre Teilnehmenden, aufzustehen und zu den ausgedruckten Seiten zu gehen. Stellen Sie sich davor, erklären die Inhalte und starten Sie mit Fragen eine Diskussion zu den Inhalten.

Nutzen Sie z. B. ein Flipchartblatt, um Anmerkungen und Ergänzungen der Teilnehmenden zu notieren. Im Nachgang zum Meeting können Sie Blätter samt Anmerkungen fotografieren und dem Protokoll anhängen.

Mit „Gallery Walking" erzielen Sie vor allem eine Konzentration auf das Wesentliche. Sie müssen sich auf die Kernpunkte der ZDF fokussieren und verlieren sich nicht im Klein-Klein. Ferner erzielen Sie durch den Ausdruck der Inhalte und der Diskussion im Stehen eine andere, vor allem energiereichere Diskussion.

Synchrone und asynchrone Kommunikation hat unterschiedliche Wirkungen auf die Teilnehmenden, je nach deren Persönlichkeit, Präferenz oder Situation. Zum Beispiel fühlen sich manche Teilnehmende in einer synchronen Kommunikation wohler und selbstbewusster (meistens die Fühler), weil sie direkten Kontakt und sofortiges Feedback haben. Andere bevorzugen eine asynchrone Kommunikation (meistens die Denker) und fühlen sich dort wohler und selbstbewusster, weil sie mehr Flexibilität und Kontrolle haben.

Oftmals ist die Wahl zwischen synchroner und asynchroner Kommunikation auch eine Frage des – lachen Sie nur – Alters. Denken Sie nur an die jungen und modernen Start-ups, die das Asynchrone in Perfektion vorleben („Alles in die Cloud, alles in die Systeme! Du kannst dann bearbeiten, wann du es möchtest. Hey, du arbeitest ja nur nachts – kein Problem, steht ja alles in der Cloud. Ach, du bist gerade in einer anderen Zeitzone – Wo biste? Prima, mach einfach fertig, wenn du am Strand bist."). Andere, ich nenne sie mal augenzwinkernd „Old-ups", leben genau das Gegenteil vor. Und das mit Überzeugung und Vehemenz nach dem Motto: „Es geht nur persönlich." Alles und alle zurück, marsch, marsch, zu persönlichen Treffen und Meetings. Die Pandemie war noch nicht ganz vorbei, da wurden die Meetingräume entstaubt, die Kaffeemaschinen entkalkt und neuer Kaffee bestellt. („Du, ich brauch dich morgen persönlich für diesen Punkt. Können wir uns für 15 Minuten treffen?" „Ja klar – ick freu mir so auf die Autofahrt!") Und Negativbeispiele für synchrone Kommunikation finden wir oft in unseren Meetings mit besagten PowerPoint- und Excel-Welten.

Spielen Sie mit der synchronen und asynchronen Kommunikation! Meine Empfehlung: Alles mit ZDF und Informationen geht über asynchrone Medien, alles mit und für Persönlichkeit über synchrone Medien.

Das Meetingformat

Meetings sind ein unverzichtbarer Bestandteil der modernen Arbeitswelt. Sie ermöglichen es, Informationen auszutauschen, Probleme zu lösen, Entscheidungen zu treffen, Projekte zu planen, Teams zu fördern. Doch nicht jedes Meeting ist gleich. Es gibt verschiedene Arten von Meetings, die sich in ihrem Zweck, ihrem Inhalt, ihrem Ablauf und ihrem Ergebnis unterscheiden. Die Wahl des richtigen Meetingformats hat einen entscheidenden Einfluss auf die Qualität von Meetings.

Leider wird dieser Aspekt oft vernachlässigt oder missachtet. Häufig werden in Meetings alle möglichen Themen reingepackt und als Agenda präsentiert. Das führt zu langen, unstrukturierten, unproduktiven und frustrierenden Meetings, die niemandem nützen. Die Teilnehmenden verlieren den Überblick, das Interesse, die Motivation. Die Themen werden nicht angemessen behandelt, vermischt, vertagt. Die Ergebnisse sind unklar, unvollständig, unverbindlich.

Wie kann man das vermeiden? Indem man die Themen nach ihrem Inhalt und ihrem Ziel sortiert und in verschiedene Meetingformate aufteilt. Das bedeutet, dass jedes Meeting einen klaren inhaltlichen Fokus hat, der dem Zweck des Meetings entspricht. Das bedeutet auch, dass jedes Meeting einen passenden Ablauf hat, der dem Inhalt des Meetings gerecht wird, und dass jedes Meeting ein konkretes Ergebnis hat, das dem Ziel des Meetings dient.

VIDEO: Warum Vertriebsmeetings wichtig sind – Interview mit René Czaker

Um zu veranschaulichen, wie das funktionieren kann, habe ich ein Beispiel mit vier verschiedenen Meetingformaten entwickelt, die sich für unterschiedliche Themen eignen. Die vier Meetingformate sind:

- „Nachrichten“
- „Doku“
- „Spielfilm“
- „Serie“

Ihre Namen sind ihrer Dauer geschuldet – das „Nachrichten"-Format dauert z. B. 10 bis 15 Minuten, während der „Spielfilm" auch 3 bis 4 Stunden dauern kann.

Durch die Trennung von Themen in verschiedene Meetingformate wird die Durchführung von Meetings qualitativ besser. Die Teilnehmenden können sich auf den Inhalt konzentrieren, der für sie relevant und interessant ist. Sie können sich auf den Ablauf einstellen, der für sie passend und angenehm ist. Sie können sich auf das Ergebnis freuen, das für sie nützlich und zufriedenstellend ist. Die Meetings werden fokussierter, klarer und effektiver.

Das Format „Nachrichten"

Das Meetingformat „Nachrichten" ist eine einfache und effektive Methode, um die Kommunikation und die Transparenz im Team zu verbessern. Es handelt sich um ein tägliches Stand-up-Format für Online- oder Präsenz-Meetings, das maximal 10 bis 15 Minuten dauert und einen klaren administrativen Fokus hat.

Das Motto lautet: „Wer macht heute was?"

Das Ziel dieses Formats ist es, alle Teilnehmenden über die aktuellen Aufgaben, Herausforderungen und Erfolge der anderen zu informieren. So erhält jeder einen Überblick über den Fortschritt des Projekts und kann mögliche Abhängigkeiten oder Hindernisse erkennen.

Dieses Format ist rein informativ; es gibt weder Diskussionen noch Entscheidungen – eine Agenda ist nicht notwendig. Wenn es Themen gibt, die eine vertiefte Besprechung erfordern, werden diese für ein separates Meeting notiert.

Ablauf

Das Meetingformat „Nachrichten" folgt einem einfachen Ablauf:

1. Der Moderator bzw. die Moderatorin eröffnet das Meeting mit einer einminütigen Inspiration, die das Team motivieren oder inspirieren soll. Das kann ein Zitat, eine Anekdote, eine Frage oder eine positive Nachricht sein.

2. Anschließend stellen alle Teilnehmenden in je 60 Sekunden vor, was sie gestern gemacht haben, was sie heute machen werden und ob sie irgendwelche Probleme

oder Fragen haben. Der Moderator bzw. die Moderatorin achtet darauf, dass die Zeit eingehalten wird und dass keine Diskussionen entstehen.

3. Er oder sie fasst am Ende die wichtigsten Punkte zusammen und bedankt sich bei allen für ihre Teilnahme.

Vorteile

Das Meetingformat „Nachrichten” hat viele Vorteile für das Team:

- Es fördert die Zusammenarbeit, die Verantwortlichkeit und die Selbstorganisation.
- Es reduziert die Anzahl der E-Mails und telefonischen Rückfragen, die oft Zeit und Energie kosten.
- Es schafft eine positive Atmosphäre, in der die Arbeit von allen wertgeschätzt wird und in der alle Feedback erhalten.
- Es hilft, die Ziele und die Vision des Projekts oder der täglichen Arbeit im Blick zu behalten.

Das Format „Doku“

Das Meetingformat “Doku” ist eine praktische und nützliche Methode, um die Leistung und die Ergebnisse des Unternehmens zu überwachen und zu kommunizieren. Es handelt sich um ein wöchentliches Stand-up-Format für Online- oder Präsenz-Meetings, das maximal 30 bis 45 Minuten dauert und einen klaren administrativen Fokus hat.

Das Motto lautet: „Was sagen die Zahlen?”

Das Ziel dieses Formats ist es, alle Teilnehmenden über die wichtigsten Kennzahlen im Unternehmen zu informieren, z. B. im Bereich Sales oder Finanzen. So können alle einen Einblick in die Lage und die Entwicklung des Unternehmens bekommen und mögliche Stärken oder Schwächen erkennen.

Dieses Format ist rein informativ; es gibt weder Diskussionen noch Entscheidungen – die Agenda stellt ausschließlich die relevanten Zahlenwerke vor. Wenn es Themen gibt, die eine tiefergehende Analyse oder eine Maßnahme erfordern, werden diese für ein separates Meeting vorgemerkt.

Ablauf

Das Meetingformat „Doku" folgt einem klaren Ablauf:

1. Der Moderator oder die Moderatorin eröffnet das Meeting mit einer Inspiration.

2. Anschließend präsentiert er oder sie die wichtigsten Kennzahlen des Unternehmens, die vorher festgelegt und vorbereitet wurden. Er oder sie erklärt, was die Zahlen bedeuten, wie sie sich im Vergleich zu den Zielen oder dem Vorjahr verhalten und welche Trends oder Muster zu erkennen sind.

3. Der Moderator oder die Moderatorin schließt das Meeting mit einer Zusammenfassung und einem Dank an alle für ihre Aufmerksamkeit.

Vorteile

Das Meetingformat „Doku" hat viele Vorteile für das Unternehmen:

- Es fördert die Transparenz, die Vertrauensbildung und die Lernkultur.
- Es reduziert die Komplexität und die Unsicherheit, die oft durch zu viele oder zu wenige Daten entstehen.
- Es schafft eine gemeinsame Sprache und ein gemeinsames Verständnis für die Leistung und die Ergebnisse des Unternehmens.
- Und es hilft, die Strategie und die Ziele des Unternehmens im Fokus zu behalten.

Das Format „Spielfilm"

Das Meetingformat „Spielfilm" ist eine spannende und intensive Methode, um die wichtigsten Themen und Entscheidungen im Team zu besprechen und zu treffen. Es handelt sich um ein monatliches Format für Präsenz-Meetings, das maximal drei bis vier Stunden dauert und einen klaren Fokus auf Diskutieren und Entscheiden hat.

Das Motto lautet: „Uns ist wichtig, dass ..."

Das Ziel dieses Formats ist es, alle Teilnehmenden in einen konstruktiven und kreativen Dialog zu bringen, um gemeinsam die besten Lösungen für die Herausforderungen und Chancen des Unternehmens zu finden.

Dieses Format soll der Diskussion und Entscheidungsfindung dienen. Auf der Agenda finden sich somit ausschließlich Punkte zur Entscheidungsfindung, die vorher priorisiert und formuliert wurden. Mit dem Format soll eine offene Diskussionskultur in einer angstfreien Atmosphäre gefördert werden, in der jeder seine Meinung, seine Bedenken und seine Vorschläge äußern kann.

Ablauf

Auch das Meetingformat „Spielfilm" folgt einem klaren Ablauf:

1. Der Moderator bzw. die Moderatorin eröffnet das Meeting mit einer drei- bis fünfminütigen Inspiration, die das Team auf das Thema einstimmen und neugierig machen soll. Dies kann eine Geschichte, eine Metapher, eine Provokation oder eine Frage sein.

2. Anschließend stellt er oder sie die Agenda vor und leitet dann die Diskussion zu jedem Agendapunkt, indem er oder sie die Situation, die Ziele, die Optionen und die Kriterien für die Entscheidung klarstellt.

3. Er oder sie moderiert die Diskussion, indem er oder sie Fragen stellt, Impulse gibt, Meinungen einholt, Konflikte löst und Zwischenfazits zieht. Er oder sie sorgt dafür, dass zu jedem Agendapunkt eine klare Entscheidung getroffen wird, die von allen akzeptiert und verstanden wird.

4. Er oder sie schließt das Meeting mit einer Zusammenfassung, einer Reflexion und einem Ausblick ab.

Vorteile

Das Meetingformat „Spielfilm" hat viele Vorteile für das Team:

- Es fördert die Partizipation, die Kollaboration und die Innovation.
- Es ermöglicht, komplexe und relevante Themen gründlich und systematisch zu bearbeiten und zu entscheiden.
- Es schafft eine dynamische und lebendige Atmosphäre, in der alle Teilnehmenden ihre Rolle und ihren Beitrag zum Projekt erkennen und wertschätzen können.
- Und es hilft, die Motivation und die Begeisterung des Teams zu steigern.

Das Format „Serie“

Das Meetingformat „Serie“ ist eine umfassende und langfristige Methode, um die strategische Ausrichtung und die Vision des Unternehmens zu definieren und zu verfolgen. Es handelt sich um ein halbjährliches Format für Präsenz-Meetings von ein bis zwei Tagen, das einen klaren Fokus auf Diskutieren und Entscheiden hat.

Das Motto lautet: „Wir stellen uns strategisch so auf: ...”

Das Ziel dieses Formats ist es, alle Teilnehmenden in einen gemeinsamen Prozess der Reflexion, der Kreativität und der Planung zu involvieren, um die Zukunft des Unternehmens zu gestalten und zu sichern.

Dieses Format soll der Diskussion und Entscheidungsfindung in strategischen Bereichen dienen. Dies können Themen der Personalentwicklung, der Förderung von Mitarbeitenden, der Verkaufsschwerpunkte der nächsten sechs Monate, der Marktpositionierung, der Produktinnovation, der Kundenbindung oder der Nachhaltigkeit usw. sein. Auf der Agenda finden sich somit ausschließlich Punkte zur Entscheidungsfindung, die vorher identifiziert und priorisiert wurden.

Mit dem Format soll eine offene Diskussionskultur in einer angstfreien Atmosphäre gefördert werden, in der jeder seine Perspektive, seine Erfahrung und seine Ideen einbringen kann.

Ablauf

Auch das Meetingformat „Serie” folgt einem klaren Ablauf:

1. Der Moderator oder die Moderatorin eröffnet das Meeting mit einer 3- bis 5-minütigen Inspiration, die das Team auf die Herausforderung und die Chance aufmerksam machen und begeistern soll.

2. Er oder sie schließt das Meeting mit einer Zusammenfassung, einer Bewertung und einer Vereinbarung ab.

Vorteile

Das Meetingformat „Serie" hat viele Vorteile für das Unternehmen:

- Es fördert die Strategiefähigkeit, die Innovationskraft und die Veränderungsbereitschaft.
- Es ermöglicht, die Zukunft des Unternehmens zu antizipieren, zu gestalten und zu realisieren.
- Es schafft eine gemeinsame Vision und eine gemeinsame Verpflichtung für die Ziele und die Werte des Unternehmens.
- Und es hilft, die Leidenschaft und die Identifikation des Teams zu erhöhen.

Hier noch einmal zusammenfassend alle vier Formate:

	„Nachrichten"	**„Doku"**	**„Spielfilm"**	**„Serie"**
Zeitrahmen	10 – 15 Min.	30 – 45 Min.	3 – 4 Stunden	1 – 2 Tage
Format	Stand-up	Stand-up	Take a Seat	Take a Seat
Fokus	Nur administrativ	Nur administrativ	Entscheidungen	Strategie
Inhalt	Wer macht heute was?	Zahlen, Daten, Fakten	3 bis 4 wichtige Themen	3 Themen
Form	Keine Diskussion – nur Information	Keine Diskussion – nur Information	Diskussion und Entscheidungen	Diskussion und Entscheidungen
Häufigkeit	täglich	wöchentlich	monatlich	halbjährlich

Online- und Präsenz-Meetings

Online- und Präsenz-Meetings sind zwei verschiedene Formen von Meetings, die sich in vielen Aspekten unterscheiden. Online-Meetings sind Meetings, die über das Internet stattfinden und an denen die Teilnehmenden von verschiedenen Orten aus über ihren Computer oder ihr Smartphone dabei sind. Präsenz-Meetings sind Meetings, die in einem Raum stattfinden und bei denen die Teilnehmenden persönlich von Angesicht zu Angesicht miteinander kommunizieren.

Online-Meetings

Wir alle haben dieses Format während der Pandemie genutzt. Ca. 50 Prozent der Moderierenden und Teilnehmenden haben auch gelernt, es zu beherrschen. Ein Whiteboard einzublenden oder das Meeting zu sperren fällt vielen jedoch noch immer schwer, von der Nutzung eines Abstimmungstools ganz zu schweigen. Und auch Sätze wie „Kann man mich hören / sehen?“ kommen heute noch in so manchem Meeting vor. Ganz beliebt ist immer noch, die Kamera auszuschalten – da hätte ich ja gleich zu einer Telko einladen können.

Ich bin gerade bewusst sehr provokant, um mit dem Vorurteil „Online-Meetings sind schlecht“ aufzuräumen. Online-Meetings sind nicht schlecht – die Nutzung von Online-Meetings ist zum Teil noch schlecht. Online-Meetings eignen sich heute und in der Zukunft ganz hervorragend, um Routinemeetings, operative Meetings und informative Meetings durchzuführen. Trainieren Sie Ihre Skills und Sie werden viel Spaß mit der richtigen Nutzung dieses Formats haben.

Präsenz-Meetings

Wir brauchen dieses Format – und wir brauchen Führungskräfte, die dieses Format neu beleben. Präsenz-Meetings brauchen wir, um Vertrauen, Kultur und Zusammengehörigkeit zu fördern. Kein anderes Format unterstützt das Soziale so sehr wie das persönliche Meeting. Stattdessen erlebe ich jetzt, im Jahr 2024, ein Zurück ins Jahr 2000: Wir laden Menschen zu persönlichen Meetings ein, um mit ihnen über Informationen, Tabellen und Präsentationen zu sprechen, und das auch noch stundenlang. Stattdessen sollten wir persönliche Meetings nutzen, um über strategische und kreative Themen zu sprechen und um vor allem das Socializing der Teilnehmenden fördern. Um den Vergleich zu ziehen: Welchen Tesla fuhren Sie im Jahre 2000?

Online vs. Präsenz

Online- und Präsenz-Meetings unterscheiden sich in mancherlei Hinsicht, haben aber auch Gemeinsamkeiten. Unabhängig vom Meetingformat sollten Sie immer die Qualität, die Effektivität und die Effizienz des Meetings im Blick haben. Wichtig ist, dass Sie die Vorteile und die Nachteile jedes Meetingformates kennen und nutzen, um ein optimales Meeting zu gestalten.

Wenn das Meeting vor allem der Information oder der Entscheidung dient, kann ein Online-Meeting ausreichen, da es meist kurz, klar und einseitig ist (Format „Nachrichten“, Format „Doku“). Wenn das Meeting vor allem der Problemlösung oder der Kreativität dient, kann ein Präsenz-Meeting (Format „Spielfilm“, Format „Serie“) besser sein, da es meist länger, komplexer und interaktiver ist.

Einige der wichtigsten Unterschiede zwischen Online- und Präsenz-Meetings sind:

- **Die Organisation**
  Online-Meetings erfordern weniger organisatorischen Aufwand als Präsenz-Meetings. Der Moderator oder die Moderatorin muss keine Anreise, keine Räumlichkeiten und keine Verpflegung planen, sondern wählt nur eine geeignete Plattform oder Anwendung, lädt die Teilnehmenden ein und testet die Technik.

  Präsenz-Meetings erfordern mehr organisatorischen Aufwand als Online-Meetings. Der Moderator oder die Moderatorin muss eine Anreise, eine Raumreservierung und eine Verpflegung organisieren und die Raumgestaltung, die Sitzordnung und die Materialien berücksichtigen.

- **Die Kommunikation**
  In Online-Meetings wird über einen Bildschirm, einen Lautsprecher und ein Mikrofon kommuniziert. Es gibt ein vorgegebenes Blickfeld, Körpersprache ist nur eingeschränkt möglich und die Reaktion der anderen oft verzögert. Der Moderator oder die Moderatorin muss sich mehr anstrengen, um die Aufmerksamkeit, das Interesse und die Motivation der Teilnehmenden zu wecken und zu halten.

  Präsenz-Meetings haben eine natürlichere Art der Kommunikation: Die Teilnehmenden kommunizieren direkt von Angesicht zu Angesicht und haben ein freies Blickfeld. Körpersprache kann vollständig eingesetzt werden; eine direkte Reaktion ist möglich. Der Moderator oder die Moderatorin kann leichter die Atmosphäre, die Stimmung und die Dynamik im Meeting spüren und beeinflussen.

- **Die Interaktion**
  In Online-Meetings wird hauptsächlich über die Stimme interagiert, manchmal auch über den Chat oder die Kamera. Die Teilnehmenden haben weniger Möglichkeiten, sich aktiv zu beteiligen, ihre Meinung zu äußern, Fragen zu stellen oder Feedback zu geben, sich kreativ auszudrücken, Ideen zu generieren, zu kombinieren oder zu bewerten.

  In Präsenz-Meetings interagieren die Teilnehmenden über alle Sinne, vor allem über das Sehen, das Hören und das Sprechen. Sie haben mehr Möglichkeiten, sich aktiv zu beteiligen, ihre Meinung zu äußern, Fragen zu stellen oder Feedback zu geben, sich kreativ auszudrücken, Ideen zu generieren, zu kombinieren oder zu bewerten.

METHODE. No meet-up without warm-up (Online-Meetings)

Ein großer Unterschied zwischen Online- und Präsenz-Meetings ist das „warm-up“. Bei Präsenz-Meetings ist es üblich, fünf, zehn oder 15 Minuten vor Beginn des Meetings im Meetingraum zu sein und sich mit den anderen auszutauschen, die Nebensitzenden zu begrüßen und Small Talk zu pflegen. Noch zu Beginn unserer Homeoffice-Kultur sind viele Teilnehmenden ihrem Verhalten bei Präsenz-Meetings gefolgt und haben sich frühzeitig in das Online-Meeting eingewählt, um sich noch ungezwungen auszutauschen. Nach einigen Monaten ließ das jedoch schon nach und man wählte sich immer später in die Meetings ein.

Mittlerweile ist es üblich, dem Online-Meeting erst eine oder zwei Minuten vor Beginn beizutreten. Doch mit dieser späten Einwahlzeit geht das Soziale verloren. Bei persönlichen Meetings sind wir es gewohnt, mit unseren Kolleginnen und Kollegen zusammen eine Tasse Kaffee oder ein Kaltgetränk zu uns zu nehmen und über private, persönliche oder auch berufliche Dinge zu sprechen (ein Meeting am Montag ist sicherlich geprägt mit den Ergebnissen der Fußballbundesliga und dem Abschneiden des jeweiligen Lieblingsclubs). Auch der gute oder schlechte Kaffee oder die angebotenen Snacks sind sofort ein dankbares und verbindendes Gesprächsthema. Die späte Einwahl vieler Teilnehmender verhindert das Gemeinsame, das Verbindende. Im Laufe der Zeit sind auch die Moderierenden ihren Teilnehmenden gefolgt und wählen sich nun auch entsprechend später zum Meeting ein.

Mit der „No meet-up without warm-up“-Methode laden Sie Ihre Teilnehmenden schon in der Agenda ein, sich 15 Minuten vor dem Beginn des Online-Meetings im Online-Raum zu „treffen“ und mit den anderen – und Ihnen – Small Talk und lockere Gespräche zu führen.

Die wichtigsten Gemeinsamkeiten von Online- und Präsenz-Meetings sind:

- **Die Vorbereitung**
  Beide Meetingformate erfordern eine sorgfältige Vorbereitung, um ein erfolgreiches Meeting zu gewährleisten. Der Moderator oder die Moderatorin muss das Ziel, den Inhalt, den Ablauf und das Ergebnis des Meetings vorher festlegen und kommunizieren, die Teilnehmenden auswählen, einladen und informieren. Er oder sie muss die Moderation planen, die Agenda erstellen und die Materialien bereitstellen.

- **Die Durchführung**
  Beide Meetingformate erfordern eine professionelle Durchführung, um ein qualitatives Meeting zu gestalten. Der Moderator oder die Moderatorin muss das Meeting pünktlich beginnen und beenden. Er oder sie muss die Teilnehmenden begrüßen, motivieren und einbeziehen, die Diskussion leiten, die Meinungsvielfalt nutzen und die Entscheidungsfindung unterstützen und zum Abschluss die Ergebnisse zusammenfassen, sichern und verteilen.

- **Die Nachbereitung**
  Beide Meetingformate erfordern eine gründliche Nachbereitung, um ein nachhaltiges Meeting zu schaffen. Der Moderator oder die Moderatorin muss das Meeting auswerten, reflektieren und verbessern, die Teilnehmenden um Feedback bitten, sich bei ihnen bedanken und sie loben. Er oder sie muss die Maßnahmen verfolgen, kontrollieren und umsetzen.

Hybride und virtuelle Meetings

Diese beiden Formate werden die Zukunft gestalten.

Hybride Meetings

Der Mix aus Präsenz- und Online-Meeting verbindet die Vorteile beider Formate. Doch – und deshalb mein Plädoyer bei den Online-Meetings – er erfordert digitale Kompetenz. Ein aktuelles Beispiel für ein schlechtes hybrides Meeting wird das erläutern:

Ein Kunde bat mich, bei einem digitalen Meeting mit seiner Personalagentur dabei zu sein. Die hochbezahlten Mitarbeiter der Agentur saßen zu dritt im Meetingraum, mein Kunde und ich waren jeweils einzeln digital zugeschaltet – jeder von uns in seinem eigenen Office. Gut gesehen und verstanden habe ich nur meinen Kunden mit seiner technischen Ausstattung in seinem Office (normale externe Kamera für ca. 150 Euro und einem Headset für ca. 70 Euro). Die drei Mitarbeiter der Personalagentur habe ich kaum gesehen und noch weniger verstanden. Sie hatten einen Laptop in der Mitte ihres Besprechungstisches platziert und sich dann zu dritt ans Kopfende gesetzt. Die technische Ausstattung war die eingebaute Kamera des Laptops und das eingebaute Mikrofon. (Wir alle sollten nach einigen Jahren Online-Meetings wissen, dass die Qualitäten eines Laptops nicht Kamera und Mikrofon sind). Das Meeting verlief dementsprechend – wir mussten zum Beispiel ständig nachfragen, weil wir akustisch kaum etwas verstehen konnten. Da saßen hochdotierte Berater einer angesehenen Personalagentur mit einem gut dotierten Tagessatz und veranstalteten ein schlechtes hybrides Meeting.

Unternehmen und handelnde Personen machen sich schlichtweg keine Gedanken über ihre Wirkung! Verstehen Sie mich nicht falsch – dieses ist keine Aufforderung, in teure Technik zu investieren. Investieren Sie in die richtige! Sehr gute Handmikrofone, die von Teilnehmer zu Teilnehmer gereicht werden, sind für kleines Geld zu erwerben. In meinem Beispiel mit den drei Personen hätte ein Mikrofon ausgereicht. Bei mehreren Teilnehmenden im Raum kann man entsprechend mehr aufbauen. Die online Teilnehmenden werden es Ihnen danken!

Nutzen Sie eine externe Bildschirmkamera auf einem Stativ für die Übermittlung des Videosignals. Sie können diese so positionieren, dass alle Teilnehmenden im Bild zu erkennen sind, oder die Kamera immer zum jeweiligen Redner schwenken. Auch diese Investition ist gering, und so können Sie mit wenig Aufwand in Ihr hybrides Abenteuer starten.

Die aktuelle Hardware eines Herstellers aus Cupertino ermöglicht Ihnen z. B. die bequeme Nutzung einer weiteren Kamera wie der des Smartphones aus gleichem Haus. So können Sie mit bestehender Technik einen ersten großen Schritt machen. Leider mache ich zurzeit die Erfahrung, dass es auf dem technischen Gebiet für hybride Meetings wenig – sogar sehr wenig – Qualifikation auf dem Markt vorhanden ist. Es wird versucht, teure Technik und Anlagen zu verkaufen, die aber nicht wirklich für hybride Meetings geeignet oder für den täglichen Meetinggebrauch zu komplex sind. Doch auch hier stehen wir am Anfang, und es wird sicherlich auch Entwicklung in diesem Bereich geben.

VIDEO: Technik bei hybriden Meetings – Interview mit Emanuel Koch

Virtuelle Meetings

„Are you ready to enter, Commander Riker?“ Er war es und betrat das Holodeck. Bei Star Treck sind wir es gewohnt, die Schauspieler in virtuelle Welten gehen zu sehen.

Aber wie ist es mit diesem Erlebnis für uns, in real life? „Wir bekommen Video und Audio schon ganz gut hin“, so verschiedene wissenschaftliche Aussagen. Zum Holodeck fehlt jedoch noch das Greifbare, das Anfassen, und wir sind – um in der gewohnten Sprache zu bleiben – auf Level 10, das Holodeck aus Star Treck ist oberhalb von Level 40.

Gleichwohl können wir uns heute schon im Metaverse zu Meetings treffen. Und sie funktionieren gut. Große Investitionen und Investoren haben geholfen, diese Technik über die letzten 24 Monate mit großen Schritten zu entwickeln. Gerade das Spontane kommt gut bei diesem Format. Man trifft sich halt. Es ist zurzeit noch kein Ersatz für das persönliche Treffen mit all seinen Sinnen, doch auch hier stehen wir erst am Anfang der Entwicklung. Es ist ein weiteres Format, das wir zur Erreichung unserer Unternehmensziele nutzen können. Ein tolles junges Format.

Das Ende des Meetings

Versetzen wir uns ans Ende eines Meetings – egal, ob on- oder offline. Sie haben bereits alle noch offenen Fragen geklärt und die wichtigsten Ergebnisse noch einmal zusammengefasst. Idealerweise haben Sie nun noch einige Minuten Puffer, bevor die geplante Meetingzeit abgelaufen ist.

Der Check-out

Jetzt ist Gelegenheit für die sogenannten **Check-out-Fragen**: Fragen zum Meeting an Ihre Teilnehmenden, um ein erstes Feedback zu erhalten und sich ein Bild davon machen zu können, wie das Meeting bei ihnen „angekommen" ist.

Fragen Sie zum Beispiel:

- „Hattet ihr/Hatten Sie einen Aha-Moment in diesem Meeting? Wenn ja, welchen?"
- „Wenn dieses Meeting ein Film gewesen wäre – in welches Filmgenre hätte er gepasst? Actionfilm, Tierfilm, Familienfilm, Science-Fiction ...?"
- „Wurden eure/Ihre Erwartungen an dieses Meeting erfüllt?"
- „Mit welchen Gedanken verlasst ihr/verlassen Sie heute das Meeting?"
- „Was können wir im nächsten Meeting besser oder anders machen?"
- ...

Danach haben Sie sich bedankt und Ihre Teilnehmenden verabschiedet. Normalerweise stehen jetzt alle auf, das Meeting ist vorbei. Die Tür geht auf oder der Zoom-Raum zu, und die Teilnehmenden gehen wieder ihrer Wege: Auf sie warten aufgelaufene Telefonate, fragende Kundinnen und Kunden, ungeduldige Mitarbeitende und ein überlaufender Mailaccount. Von einer Sekunde auf die andere wird der Arbeitsalltag wieder wichtiger als das gerade geschlossene Meeting.

Doch was ist mit den Ergebnissen des Meetings, den To-dos? Mit den Aufgaben, die verteilt wurden, mit den Dingen, die es umzusetzen gilt? Die Gefahr, dass diese „untergehen", ist in diesem Moment groß. Probieren Sie die folgende **Methode** aus:

METHODE. Stille Minuten (Online- und Präsenz-Meetings)

Planen Sie, bevor alle aufstehen und gehen, noch eine „Ruhephase" ein – geben Sie allen Zeit und Raum, um die wichtigsten Ergebnisse noch einmal Revue passieren zu lassen und zu überlegen: Was bedeutet das für mich, welche Aufgaben muss ich delegieren, wer kann die Aufgabe übernehmen? Vielleicht denken Sie jetzt: „Aber dafür haben wir doch das Protokoll?" Ja, das stimmt, das Protokoll dient der Gedankenstütze, doch der große Vorteil direkt im Anschluss an das Meeting ist die Aktualität: Das gerade Besprochene liegt noch gedanklich vor, die Tagesarbeit hat noch nicht wieder begonnen und die stillen Schluss-Minuten fördern das qualitative Analysieren.

Ordnung muss sein: In einigen Unternehmen muss der Meetingraum wieder in den „Originalzustand" versetzt werden. Überlegen Sie also, ob Sie Materialien aus dem Raum entfernen, Tische und Stühle wieder zurechtrücken und Schlüssel abgeben müssen oder Ähnliches.

Die Nachbereitung

Auch wenn Sie die gerade vorgeschlagene Methode praktiziert haben, bedeutet das nicht, dass es kein Protokoll geben soll: Schon in der Agenda haben Sie ja vorgegeben, wer ein Protokoll anfertigt – lassen Sie sich dieses zukommen und verteilen Sie es an alle Stakeholder.

Sind Agendapunkte aus Zeitgründen nicht angesprochen worden, können Sie überlegen, diese gleich auf die nächste Agenda zu setzen oder sie als Aufgabe an Mitarbeitende zu übergeben.

Wenn es eine To-do-Liste für einzelne Mitarbeitende gibt, kommunizieren Sie diese nochmals zeitnah. Wenn Sie sich immer im gleichen Meetingraum treffen, könnten Sie diese Liste dort auch aushängen. Ebenso lassen sich auch die Ergebnisse des Meetings dort kurz und knapp und für alle sichtbar anbringen – das geht natürlich auch in einem virtuellen Raum.

Wenn erforderlich, erstellen Sie einen Maßnahmenplan: Welche Aufgaben wurden an wen vergeben, und bis wann werden diese ausgeführt? Wer hat sich wozu verpflichtet? Senden Sie diesen Plan an die beteiligten Personen.

Nach diesem Meeting ist vor dem nächsten Meeting: Für Sie ist jetzt die richtige Zeit, das Meeting nachzubereiten. Was ist gut gelaufen, was kann besser gehen? Haben Sie den Zeitbedarf bei allen Agendapunkten richtig eingeschätzt? Sind unvorhergesehene Störungen aufgetreten? Wie können Sie darauf in Zukunft reagieren? Ergänzen Sie Ihre Checklisten und Vorbereitungsbögen immer am besten sofort um die neuen Punkte.

Wenn Sie keine Zeit für die Check-out-Fragen hatten oder diese nicht informativ genug waren, versenden Sie an die Teilnehmenden eine E-Mail und bitten Sie um Feedback. Hängen Sie einen Feedbackbogen an, in dem nur angekreuzt und der auch anonym abgegeben werden kann. Fragen Sie dort z. B. ab:

- wie die Teilnehmenden das Meeting beurteilen (gut/schlecht/geht so),
- was beim nächsten Meeting besser gemacht werden könnte (zeitlicher Ablauf, Transparenz der Inhalte, Einbeziehung der Teilnehmenden ... – Hier können Sie die für Sie relevanten Punkte auflisten),
- ob die Agendapunkte passend waren (ja/nein),
- ob der Teilnehmer oder die Teilnehmerin sich zur Zielgruppe gezählt hat (ja/nein),
- ob das Meeting (gefühlt) zu lange gedauert hat (ja/nein),
- ...

4

Meetingkultur ist Unternehmenskultur

„Wo beginnt die Meetingkultur?“

An einem herrlichen Wintertag hatte ich einen Termin bei einem neuen Kunden: ein Innovationsführer, über 3.000 Mitarbeitende und seit über einem Jahrhundert im Geschäft. Der Firmenparkplatz war voller Leben, und wie so oft parkten in der ersten Reihe viele Elektro- und Hybridautos. Zahlreiche Ladesäulen waren zu sehen, und der Strom war garantiert ökologisch, denn die gesamten Dächer des Firmengebäudes waren mit Solarzellen bedeckt.

Ich wurde herzlich vor der großen Werte-Wand im Eingangsbereich begrüßt. Es war um 8:15 Uhr. Um 9:00 Uhr wollte ich, wie ich es beim ersten Besuch immer halte, an einem Meeting mit der Geschäftsleitung teilnehmen. Ich möchte sehen, wie Meetings ‚oben‘ im Unternehmen funktionieren, denn die Struktur und Kultur der oberen Meetings zieht sich durch bis zu den Stand-up-Meetings in Produktion und Administration. Vorbildsein ist gefragt, und das möchte ich unterstützen. Auf dem Weg zum Meetingraum begegneten mir motivierte Menschen, die alle ein Lächeln auf den Lippen hatten. Der Meetingraum war modern und gemütlich eingerichtet, Tassen und Obst standen auf dem Tisch, der Kaffee war frisch gebrüht. „Zum Glück“, dachte ich, „kein abgestandenes Wasser!“ Mein Auftraggeber kam bald dazu – el jefe himself – und wir tauschten uns aus über die neuesten Entwicklungen. Etwas später kamen auch die anderen Teilnehmenden und es herrschte schnell eine angenehme Atmosphäre.

Ich kannte weder Agenda noch Teilnehmende noch Struktur des Meetings – das wollte ich auch nicht; ich möchte so authentisch wie möglich ein normales Meeting erleben. Somit wusste ich auch nicht, wie lange das Meeting dauern sollte. Kurz vor Start nahmen alle Platz – alle waren alle pünktlich – und el jefe eröffnete Punkt 9:00 Uhr. Ich liebe Pünktlichkeit! Es begann ein Meeting, wie ich es schon so oft erlebt habe, angesetzt bis 13:00 Uhr – also 4 Stunden –, mit einer Agenda über zwei DIN-A4-Seiten, die Themen von A wie Abfallentsorgung bis Z wie Zweigniederlassung abdeckte. Aus jedem Dorf ein Hund, wie man so schön sagt. El jefe war der Moderator und animierte alle zum Mitmachen. Das Meeting endete um 12:45 Uhr – und das war auch das wirklich einzig Positive daran: die Pünktlichkeit.

Die Top-Führungskräfte waren vier Stunden in diesem Raum. Zeit mal Stundenlohn – wie war das noch mit dem Kostensparen? Ich habe das nicht notiert, doch gefühlt hatte jeder Teilnehmer für ca. 45 Minuten Themen dabei. Ich konnte ein Schmunzeln nicht verbergen, als ich sah, wie ein Teilnehmer verstohlen auf dem iPad seine meistgenutzte App öffnete (sie war prominent auf der ersten Seite platziert) – die Kicker-App. Das Ziel des Meetings fehlte komplett, auch zur Eröffnung erwähnte el jefe es mit keinem Wort. Die detaillierte Schilderung des Verlaufs spare ich mir …

Erkennen Sie sich wieder? Auf Teilnehmer- oder Moderatorenseite? Kennen Sie solche Meetings? Wie hoch ist die Vorfreude darauf? In welcher Stimmung kommen Sie morgens zur Arbeit, wenn ein solches Meeting auf dem Tagesplan steht? Und bitte, wir reden von der Geschäftsleitungsebene und nicht von Meetings der dritten oder vierten Ebene. Die Meetingkultur beginnt ganz oben – die anderen Meetings sind dann sicher nicht besser; was sollte sich ändern?

Ich bin mir sicher, dass Sie solche Meetings kennen, denn sie sind leider weit verbreitet. Sie sind ein Zeichen einer schlechten Meetingkultur, die sich auf der Geschäftsleitungsebene manifestiert. Was könnten die Gründe dafür sein?

Vielleicht liegt es daran, dass die Geschäftsleitung zu viel Kontrolle ausüben will und sich in alle Details einmischt. Vielleicht liegt es daran, dass die Geschäftsleitung zu wenig Vertrauen in die Kompetenz und Eigenverantwortung ihrer Mitarbeitenden hat. Vielleicht liegt es daran, dass die Geschäftsleitung zu wenig Feedback gibt und zu wenig Wertschätzung zeigt. Vielleicht liegt es daran, dass die Geschäftsleitung keine Vision hat und Innovation zu wenig fördert. Vielleicht liegt es aber auch an dem oft gehörten Satz: „Das war schon immer so!“ So viel zu Veränderungskultur, zu Innovationskultur & Co. ...

Was auch immer die Gründe für die vorherrschende schlechte Meetingkultur sein mögen, die Folgen sind fatal. Solche Meetings schaden nicht nur der Produktivität und der Qualität, sondern wirken sich auch negativ auf Motivation und Zufriedenheit der Mitarbeitenden aus. Solche Meetings erzeugen negative Gefühle wie Langeweile, Ärger, Frustration und Resignation. Solche Meetings verhindern, dass die Mitarbeitenden ihr volles Potenzial entfalten und ihre besten Leistungen erbringen.

Das muss nicht so sein. Meetings können auch anders sein. Sie können sich von der Geschäftsleitungsebene an bis nach unten vorbildlich zeigen. Doch was braucht es dafür? Was sind die Voraussetzungen für eine gute Meetingkultur?

VIDEO: Meetingkulturen – Interview mit Niels Brabandt

Wie Unternehmenskultur und Meetingkultur zusammenhängen

Positiv wirkt sich aus, wenn die Geschäftsleitung mehr Delegation zulässt und sich auf die wesentlichen Themen konzentriert. Positiv wirkt sich aus, wenn die Geschäftsleitung mehr Vertrauen in die Kompetenz und Eigenverantwortung ihrer Mitarbeitenden hat. Wenn die Geschäftsleitung mehr Feedback gibt und mehr Wertschätzung zeigt. Wenn die Geschäftsleitung eine Vision hat und Innovation fördert. Wenn sich etwas ändert.

Mit diesen Voraussetzungen fördern Meetings nicht nur die Produktivität und die Qualität, sondern wirken sich auch auf die Motivation und die Zufriedenheit der Mitarbeitenden aus. Meetings erzeugen dann positive Gefühle wie Spannung, Freude, Begeisterung und Stolz. Sie ermöglichen den Mitarbeitenden, ihr volles Potenzial zu entfalten und ihre besten Leistungen zu erbringen.

Das können Sie erreichen. Meetings können so sein.

Auch Sie können eine gute Meetingkultur schaffen, die auf der Geschäftsleitungsebene beginnt und sich durch das ganze Unternehmen verbreitet. Sie können Ihre Meetings zu einem positiven Erlebnis machen, das Ihnen und Ihrem Unternehmen nützt. Sie können morgens zur Arbeit kommen mit einem Gefühl der Vorfreude, wenn Sie wissen, dass Sie wieder an einem solchen Meeting teilnehmen dürfen.

Wie können Sie Ihre Meetingkultur verändern und verbessern?

Die Effektivität Ihrer Meetings ist untrennbar mit der Effektivität Ihres Unternehmens verbunden, denn Sie verbringen einen wesentlichen Teil Ihrer Arbeitszeit in Meetings und somit in Ihrem Unternehmen. Die Art und Weise, wie Sie Ihre Meetings durchführen, beeinflusst entscheidend, wie Sie Ihre Arbeit machen, wie Sie mit Ihren Kolleginnen und Kollegen und Kundinnen und Kunden umgehen und wie Sie sich als Teil Ihres Unternehmens identifizieren.

Wenn Sie Ihre Meetingkultur verändern und verbessern wollen, muss sich auch etwas an Ihrer Unternehmenskultur ändern.

Die Unternehmenskultur ist mehr als nur die Summe der einzelnen Mitarbeitenden: Sie ist das Ergebnis der gemeinsamen Werte, die das Handeln und Denken in einem Unternehmen bestimmen. Werte sind die grundlegenden Überzeugungen und Prinzipien, die das Unternehmen nach innen und außen vertritt. Sie sind die Basis für die Zusammenarbeit, die Kommunikation, die Qualität, die Innovation und die Verantwortung in einem Unternehmen.

Das Leitbild ist die konkrete Ausformulierung der Werte in einem Unternehmen. Es beschreibt, wer das Unternehmen ist, was es tut, wie es arbeitet, wofür es steht und wohin es will. Es ist die Identität und die Persönlichkeit eines Unternehmens. Es ist die Botschaft, die das Unternehmen an seine Mitarbeitenden, Kunden, Partner und die Öffentlichkeit sendet.

Die Vision ist die langfristige und inspirierende Zielsetzung eines Unternehmens. Sie beschreibt, was das Unternehmen erreichen will, wie es sich von anderen unterscheidet, welchen Nutzen es stiftet und welchen Beitrag es leistet. Sie ist die Motivation und die Orientierung eines Unternehmens. Sie ist der Traum, den das Unternehmen verfolgt.

Die Mission ist die kurzfristige und konkrete Handlungsanweisung eines Unternehmens. Sie beschreibt, wie das Unternehmen seine Vision umsetzt, welche Strategien und welche Ziele es verfolgt, welche Ressourcen es nutzt und welche Herausforderungen es meistert. Sie ist die Umsetzung und die Steuerung eines Unternehmens. Sie ist der Plan, den das Unternehmen befolgt.

Werte, Leitbild, Vision und Mission sind die vier Elemente, die die Unternehmenskultur jeweils ausmachen. Sie sind eng miteinander verbunden und beeinflussen sich gegenseitig. Sie sind auch die Grundlage für die Gestaltung und die Durchführung von Meetings in einem Unternehmen. Meetings sind die Gelegenheiten, an denen die Unternehmenskultur sichtbar und spürbar wird. Für die Meetings sind vor allem die Unternehmenswerte von zentraler Bedeutung. Das werde ich nun weiter vertiefen.

Die Werte des Unternehmens

Werte sind nicht nur für die Unternehmenskultur wichtig, sondern auch für die tägliche Arbeit in einem Unternehmen. Werte beeinflussen, wie die Mitarbeitenden miteinander kommunizieren, wie sie zusammenarbeiten, Probleme lösen, Entscheidungen treffen und Konflikte bewältigen. Werte sind auch die Basis für die Beziehung zwischen dem Unternehmen und seinen Kunden, Lieferanten, Partnern und der Öffentlichkeit.

Ein wichtiger Ort, an dem die Werte in einem Unternehmen sichtbar und spürbar werden, sind die Meetings. In Meetings tauschen sich die Mitarbeitenden aus, informieren sich, stimmen ab, planen, präsentieren, lernen und entwickeln. In Meetings werden die Werte getestet, hinterfragt, bestätigt oder verletzt.

Wie die Unternehmenswerte in Meetings umgesetzt werden, ist daher von großer Bedeutung für den Erfolg und die Zufriedenheit in einem Unternehmen. Es ist wichtig, dass die Werte, die das Unternehmen nach außen vertritt, auch in den Meetings nach innen gelebt werden. Die Werte, die die Mitarbeitenden in den Meetings anwenden, sollten mit den Werten des Unternehmens übereinstimmen.

Um diese Übereinstimmung zu gewährleisten, müssen einige Voraussetzungen erfüllt sein:

- Zum einen müssen die Werte des Unternehmens klar definiert, kommuniziert und verstanden sein.
- Zum anderen müssen die Werte in den Meetings berücksichtigt, angewendet und eingehalten werden.
- Zum Dritten müssen die Werte in den Meetings regelmäßig überprüft, reflektiert und verbessert werden.

Sind Werte wichtig für Unternehmen? Natürlich, denn Werte sind ein wesentlicher Faktor für die Leistung, die Qualität, die Innovation und die Reputation eines Unternehmens. Werte sind auch ein entscheidender Faktor für die Motivation, die Bindung, die Loyalität und die Zufriedenheit der Mitarbeitenden. Werte sind somit ein wichtiger Wettbewerbsvorteil für ein Unternehmen.

Wir nutzen Werte, um unsere Arbeit zu erledigen, um unsere Ziele zu erreichen, um unsere Kunden zu bedienen, um unsere Kolleginnen und Kollegen zu unterstützen, um unsere Führungskräfte zu respektieren, um unser Unternehmen zu repräsentieren. Wir nutzen Werte, um uns selbst zu verwirklichen, um uns weiterzuentwickeln, um uns wohlzufühlen, um uns anzuerkennen, um uns zu vertrauen. Wir nutzen Werte, um einen Beitrag zu leisten, um einen Sinn zu finden, um einen Unterschied zu machen.

In der folgenden Übersicht finden Sie die zehn in Deutschland am meisten geschätzten Werte. Welche davon gibt es auch in Ihrem Unternehmen? Und wie spiegeln sich diese in Ihren Meetings wider? Wie leben Sie diese Werte in Ihren Meetings?

Die Top-10-Werte in Deutschlands Unternehmen

1. Qualität – bedeutet:

- dass man hohe Ansprüche an die eigene Arbeit stellt und diese auch erfüllt.
- dass man die Bedürfnisse und Erwartungen der Kunden, Mitarbeitenden und anderer Stakeholder versteht und übertrifft.
- dass man ständig nach Verbesserungsmöglichkeiten sucht und diese umsetzt.

2. Innovation – bedeutet:

- dass man kreative und originelle Ideen entwickelt und diese in die Praxis umsetzt.
- dass man sich nicht mit dem Status quo zufriedengibt, sondern immer nach neuen Wegen sucht, um Probleme zu lösen oder Mehrwert zu schaffen.
- dass man bereit ist, Risiken einzugehen und aus Fehlern zu lernen.

3. Nachhaltigkeit – bedeutet:

- dass man verantwortungsvoll mit den Ressourcen umgeht und die Auswirkungen der eigenen Tätigkeit auf die Umwelt und die Gesellschaft minimiert.
- dass man nicht nur an den kurzfristigen Gewinn denkt, sondern auch an die langfristige Zukunft.
- dass man sich an ethischen Prinzipien orientiert und einen positiven Beitrag leistet.

4. Kundenfreundlichkeit – bedeutet:

- dass man Kunden als Partner sieht und ihnen einen erstklassigen Service bietet.
- dass man Kunden mit Respekt und Höflichkeit behandelt und ihnen zuhört.
- dass man Kunden zufriedenstellt und ihnen einen Nutzen bietet, der ihre Erwartungen übertrifft.

5. Respekt – bedeutet:

- dass man die Würde und die Rechte anderer anerkennt und schätzt.
- dass man die Meinungen und Gefühle anderer akzeptiert und toleriert, auch wenn man nicht immer damit einverstanden ist.
- dass man die Unterschiede und die Vielfalt anderer wertschätzt und davon lernt.

6. Integrität – bedeutet:
- dass man ehrlich und aufrichtig ist und sich an die geltenden Regeln und Gesetze hält.
- dass man seine Versprechen hält und zu seinem Wort steht.
- dass man seine Fehler zugibt und dafür die Verantwortung übernimmt.

7. Offenheit – bedeutet:
- dass man neugierig und lernbereit ist und sich für neue Erfahrungen und Erkenntnisse öffnet.
- dass man transparent und kommunikativ ist und Informationen und Wissen teilt.
- dass man flexibel und anpassungsfähig ist und sich auf Veränderungen einstellt.

8. Zusammenarbeit – bedeutet:
- dass man gemeinsam mit anderen an einem gemeinsamen Ziel arbeitet und sich gegenseitig unterstützt.
- dass man die Stärken und Schwächen anderer erkennt und ergänzt.
- dass man konstruktiv und fair miteinander umgeht und Konflikte löst.

9. Leistung – bedeutet:
- dass man sich hohe Ziele setzt und diese mit Engagement und Einsatz erreicht.
- dass man die eigenen Fähigkeiten und Potenziale nutzt und weiterentwickelt.
- dass man die Ergebnisse der eigenen Arbeit misst und bewertet und sich dafür anerkennen lässt.

10. Vertrauen – bedeutet:
- dass man sich auf andere verlassen kann.
- dass man anderen glaubt und ihnen Glaubwürdigkeit verleiht.
- dass man anderen Freiräume und Spielräume gibt und ihnen Selbstvertrauen vermittelt.

Und unter der Gen Z sind nachfolgende Werte stark verbreitet:

Die Top-10-Werte der Generation Z

1. Vielfalt – bedeutet:
- dass man die Unterschiede und die Einzigartigkeit anderer anerkennt und schätzt.
- dass man sich für eine gerechte und inklusive Gesellschaft einsetzt, in der jeder gleichberechtigt und respektiert ist.
- dass man von der Vielfalt anderer lernt und sich bereichert.

2. Integration – bedeutet:
- dass man sich aktiv an der Gesellschaft beteiligt und sich für das Gemeinwohl engagiert.
- dass man sich offen und tolerant gegenüber anderen Kulturen, Religionen und Weltanschauungen zeigt und einen interkulturellen Dialog fördert.
- dass man sich nicht abgrenzt oder ausgrenzt, sondern sich als Teil eines größeren Ganzen versteht und sich solidarisch zeigt.

3. Nachhaltigkeit – bedeutet:
- dass man verantwortungsvoll mit den natürlichen Ressourcen umgeht und die ökologischen Grenzen des Planeten respektiert.
- dass man sich für eine soziale und ökonomische Entwicklung einsetzt, die die Bedürfnisse der heutigen und zukünftigen Generationen berücksichtigt.
- dass man sich an ethischen und nachhaltigen Prinzipien orientiert und einen positiven Fußabdruck hinterlässt.

4. Gesundheit – bedeutet:
- dass man sich um die eigene körperliche, geistige und seelische Gesundheit kümmert und einen gesunden Lebensstil pflegt.
- dass man sich um die Gesundheit anderer kümmert und ihnen Unterstützung und Hilfe anbietet.
- dass man sich für eine gesunde Umwelt und eine gesunde Gesellschaft einsetzt und gesundheitsfördernde Maßnahmen unterstützt.

5. Flexibilität – bedeutet:
- dass man sich an veränderte Situationen und Bedingungen anpassen kann und bereit ist, neue Herausforderungen anzunehmen.

- dass man sich nicht an starre Regeln oder Routinen gebunden fühlt, sondern sich Freiräume und Spielräume schafft.
- dass man sich nicht auf eine einzige Option oder Perspektive festlegt, sondern offen für Alternativen und Möglichkeiten ist.

6. Menschlichkeit – bedeutet:
- dass man die Würde und die Rechte aller Menschen achtet und schützt.
- dass man Mitgefühl und Empathie für andere zeigt und sich in ihre Lage versetzt.
- dass man freundlich und höflich mit anderen umgeht und ihnen Wertschätzung und Anerkennung zeigt.

7. Individualität – bedeutet:
- dass man die eigene Persönlichkeit, Identität und Einzigartigkeit ausdrückt und entwickelt.
- dass man die eigenen Stärken, Schwächen, Interessen und Ziele erkennt und verfolgt.
- dass man die eigenen Meinungen, Gefühle und Werte äußert und verteidigt.

8. Freiheit – bedeutet:
- dass man selbstbestimmt und unabhängig lebt und die eigenen Entscheidungen trifft.
- dass man die eigenen Träume, Wünsche und Visionen verwirklicht und sich nicht von anderen einschränken oder beeinflussen lässt.
- dass man die Freiheit anderer Menschen respektiert und sich für eine freie und demokratische Gesellschaft einsetzt.

9. Stabilität – bedeutet:
- dass man Sicherheit und Geborgenheit in der eigenen Lebenssituation hat und sich auf die Zukunft verlassen kann.
- dass man Vertrauen und Zuverlässigkeit in den eigenen Beziehungen hat und sich auf andere verlassen kann.
- dass man Ordnung und Struktur in der eigenen Organisation hat und sich auf klare Regeln und Ziele verlassen kann.

10. Sinn – bedeutet:
- dass man einen tieferen Zweck und eine höhere Bedeutung in der eigenen Existenz findet und erfüllt.

- dass man einen positiven Beitrag für die eigene Entwicklung und das eigene Glück leistet und genießt.
- dass man einen positiven Beitrag für die Entwicklung und das Glück anderer leistet und teilt.

Haben Sie sich bei einigen Werten gesehen? Haben Sie weitere oder andere Werte in Ihrem Unternehmen? Wie werden diese in Ihrem Unternehmen gelebt? Ich werde am Beispiel des Wertes „Ordnung" meine Beobachtungen vieler Meetings bei Unternehmen schildern, um Ihnen dann meine Definition für „Ordnung" bei der Meetingkultur zu erläutern.

Werte am Beispiel „Ordnung" im Kontext von Meetings

Ich erlebe häufig, dass mit „Ordnung" im Kontext von Meetings die Ablage von Agenda und Protokoll gemeint ist. „Es muss ja ordentlich abgelegt sein" und „Wir müssen das ja wiederfinden". Vom Leitz-Ordner über den Ordner im Microsoft Explorer wird nun alles ordentlich in Microsoft Teams abgelegt. So weit meine Beobachtungen.

Meine Definition des Wertes „Ordnung" im Kontext von Meetings lautet:

- Jede Agenda unseres Hauses wird x Tage vor Beginn des Meetings an die Teilnehmenden versendet. Sie sollen die Möglichkeit haben, sich **ordentlich** vorzubereiten.
- Jede Agenda unseres Hauses hat ein klares und eindeutiges Meetingziel.
- Alle Agendapunkte unseres Hauses zahlen auf das Meetingziel ein.
- Es werden nur die richtigen Teilnehmenden zum Meeting eingeladen.
- Alle Meetings in unserem Hause beginnen und enden pünktlich.
- Teilnehmende, die zu spät zum Meeting erscheinen, treten dem Meeting nicht mehr bei. Sie erhalten das Protokoll zur Einsicht des Besprochenen.
- Der Moderator oder die Moderatorin prüft den **ordnungsgemäßen** Zustand der Technik zur Durchführung des Meetings.
- Die Ergebnisse des Meetings werden in einem Ergebnisprotokoll festgehalten und stehen spätestens 24 Stunden nach dem Meeting allen Teilnehmenden zur Verfügung.

Diese eindeutige Definition des Wertes „Ordnung für unsere Meetings" verschafft Klarheit, sowohl für die Teilnehmenden als auch für die Moderierenden. Nehmen Sie gerne Ihre Werte-Wolke zur Hand und definieren Sie die jeweiligen Werte für Ihre Meetings.

Definieren Sie Ihre bestehenden Unternehmenswerte für Ihre Meetings oder erstellen Sie für Ihre Meetings eigene Werte.

Die Umsetzung der Meetingwerte

Nachdem Sie nun die Meetingwerte in Ihrem Unternehmen definiert haben, geht es an deren Umsetzung. Gehen wir beispielhaft von einem Unternehmen mit 500 Mitarbeitenden, drei Hierarchieebenen und damit Meetings auf vier verschiedenen Ebenen aus:

- Die erste Meetingebene ist die Geschäftsleitungsebene mit Meetings zwischen den Geschäftsleitungsmitgliedern,
- die zweite Meetingebene ist die zwischen Geschäftsleitung und Abteilungsleitungen,
- gefolgt von der dritten Meetingebene zwischen Abteilungsleitungen und Teamleitungen,
- um dann mit der vierten Meetingebene zwischen Teamleitungen und Mitarbeitenden abzuschließen.

Allein diese Aufzählung verdeutlicht die Erfordernis einer einheitlichen Meetingstruktur und -kultur in Unternehmen. Vier Meetingebenen können schnell dreimal „stille Post“ bedeuten – wir alle wissen aus diesem Kinderspiel, was am Ende dabei rauskommen kann. Wohlgemeinte Botschaften der Geschäftsleitung können und werden durch die Ebenen verwässert und alle können auch noch ihr persönliches Empfinden darüber zum Ausdruck bringen und weitergeben.

Meine Erfahrung zeigt, dass es vor allem die Praxis ist, die für die Umsetzung neuer Prozesse entscheidend ist. Und so finden Sie hier meinen praxisorientierten Umsetzungsplan in sieben Schritten:

Der Umsetzungsplan

Schritt 1: Kommunikation der Meetingwerte

Die Meetingwerte sind die Grundlage für eine effektive und produktive Meetingkultur in unserem Unternehmen. Sie spiegeln unsere Vision, unsere Mission und unsere Werte wider. Sie definieren, wie wir uns vor, während und nach den Meetings verhalten und welche Ergebnisse wir anstreben. Um diese Werte zu vermitteln, ist es wichtig, dass die Geschäftsleitung sie persönlich kommuniziert. Nur so kann sie die Bedeutung und den Nutzen dieser Werte für unser Unternehmen und unsere Mitarbeitenden hervorheben. Wenn eine persönliche Kommunikation nicht möglich ist, sollte die Geschäftsleitung eine Videobotschaft aufnehmen und an alle Mitarbeitenden senden. Dieses Format ermöglicht es, die Werte authentisch und klar zu präsentieren, ohne dass sie durch andere Kanäle oder Personen verfälscht werden. Die Meetingwerte sind kein Lippenbekenntnis, sondern eine Verpflichtung, die wir alle gemeinsam einhalten müssen

Schritt 2: Training der Meetingwerte für Führungskräfte / Moderierende
Um diese Werte zu vermitteln, zu leben und umzusetzen, ist es wichtig, dass alle Beteiligten auf die neuen Werte trainiert werden. Besonders die Führungskräfte und die Moderierenden haben eine Schlüsselrolle, da sie die Meetings planen, leiten und nachbereiten. Sie sind die Vorbilder und die Multiplikatoren für die Meetingwerte.

Das Training der Meetingwerte für Führungskräfte und Moderierenden hat folgende Ziele:

- Verständnis fördern: Die Trainingsteilnehmenden verstehen die Bedeutung und den Nutzen der Meetingwerte für unser Unternehmen und unsere Mitarbeitenden. Sie kennen die Definition und die Anwendung der Meetingwerte in verschiedenen Situationen und Kontexten.
- An der Einstellung arbeiten: Die Teilnehmenden schätzen und identifizieren sich mit den Meetingwerten. Sie sind bereit, die Meetingwerte zu befolgen und zu fördern. Sie sind offen für Feedback und Verbesserungen.
- Fähigkeiten ausbauen: Die Teilnehmenden können die Meetingwerte in die Praxis umsetzen. Sie verfügen über die notwendigen Methoden, Werkzeuge und Kompetenzen, um die Meetings effektiv und effizient zu gestalten, zu moderieren und zu evaluieren.

Das Training der Meetingwerte für Führungskräfte und Moderierende besteht aus folgenden Elementen:

- Theorie: Die Teilnehmenden erhalten eine Einführung in die Meetingwerte, ihre Herkunft, ihre Ziele und ihre Kriterien. Sie lernen die verschiedenen Meetingformate und -methoden kennen, die zu den Meetingwerten passen. Sie erhalten Tipps und Beispiele, wie sie die Meetingwerte in ihren eigenen Meetings anwenden können.
- Praxis: Die Teilnehmenden üben die Meetingwerte in simulierten oder realen Meetings. Sie erhalten die Möglichkeit, verschiedene Rollen zu übernehmen, wie

zum Beispiel Moderator, Teilnehmerin oder Beobachter. Sie erhalten Feedback und Coaching von den Trainerinnen und Trainern und den anderen Teilnehmenden.

Das Training der Meetingwerte für Führungskräfte und Moderierende ist ein wichtiger Schritt, um eine neue Meetingkultur in unserem Unternehmen zu etablieren.

Schritt 3: Erläuterung der Definitionen als eigener Agendapunkt beim ersten Meeting

Die Definitionen sind die Erklärungen der Begriffe, Konzepte und Abkürzungen, die wir in unseren Meetings verwenden. Sie sind wichtig, um Missverständnisse, Verwirrung und Fehlinterpretationen zu vermeiden. Sie helfen uns, eine gemeinsame Sprache und ein gemeinsames Verständnis zu schaffen. Sie erleichtern die Kommunikation, die Zusammenarbeit und die Entscheidungsfindung.

Um die Definitionen zu erläutern, sollten wir sie als eigenen Agendapunkt beim ersten Meeting behandeln. Dieses schafft Klarheit, denn wir können die Definitionen klar und verständlich formulieren und präsentieren. Wir können sie mit Beispielen, Grafiken oder anderen Hilfsmitteln veranschaulichen und wir können sie auch schriftlich festhalten und verteilen, um sie zu dokumentieren und zu referenzieren.

Schritt 4: Vorleben der Werte im ersten Meeting

Um diese Werte zu vermitteln, zu leben und umzusetzen, ist es wichtig, dass wir sie nicht nur kommunizieren, sondern auch vorleben. Das Vorleben der Werte bedeutet, dass wir sie in unserem eigenen Handeln und Verhalten zeigen und beispielhaft für andere sind. Es bedeutet, dass wir die Werte nicht nur predigen, sondern auch praktizieren. Es bedeutet, dass wir die Werte nicht nur fordern, sondern auch fördern. Das Vorleben der Werte ist eine der wirksamsten Methoden, um diese in unserer Meetingkultur zu verankern und zu verstärken.

Das Vorleben der Werte ist besonders wichtig für die Führungskräfte und die Moderierenden, die die Meetings planen, leiten und nachbereiten. Sie sind die Vorbilder und die Multiplikatoren für die Werte. Sie haben einen großen Einfluss auf die Einstellung, die Motivation und das Engagement der Mitarbeitenden. Sie haben auch eine große Verantwortung, die Werte zu schützen und zu stärken.

Um die Werte im ersten Meeting vorzuleben, sollten die Führungskräfte und die Moderierenden folgende Schritte ausführen:

- Vorbereitung: Die Führungskräfte und die Moderierenden sollten sich im Voraus mit den Werten vertraut machen und sie in die Agenda und die Ziele des Meetings integrieren. Sie sollten auch die Erwartungen und die Rollen der Teilnehmenden klären und ihnen die Werte im Voraus kommunizieren.

- Durchführung: Die Führungskräfte und die Moderierenden sollten die Werte in jedem Schritt des Meetings berücksichtigen und befolgen. Sie sollten die Werte in ihrer Sprache, ihrer Haltung und ihrem Auftreten zeigen. Sie sollten die Werte in ihren Fragen, ihren Antworten und ihren Entscheidungen widerspiegeln. Sie sollten die Werte in ihren Methoden, ihren Werkzeugen und ihren Ergebnissen demonstrieren.
- Nachbereitung: Die Führungskräfte und die Moderierenden sollten die Werte bei der Zusammenfassung, der Dokumentation und der Bewertung des Meetings einbeziehen. Sie sollten die Werte in ihren Feedbacks, ihren Anerkennungen und ihren Verbesserungsvorschlägen ausdrücken. Sie sollten die Werte in ihren Aufgaben, ihren Verpflichtungen und ihren Nachfolgeaktionen umsetzen.

Um die Werte im ersten Meeting vorzuleben, sollten die Führungskräfte und die Moderierenden auch die Unterstützung von Trainern oder Beobachterinnen in Anspruch nehmen. Diese können ihnen helfen, die Werte zu verstehen, zu erklären und zu veranschaulichen. Sie können ihnen auch Feedback und Coaching geben, wie sie die Werte besser vorleben können. Sie können ihnen Tipps und Beispiele geben, wie sie die Werte in ihren eigenen Meetings anwenden können.

Schritt 5: Einholen von Feedback zu den Meetingwerten

Um diese Werte zu vermitteln, zu leben und umzusetzen, ist es wichtig, dass wir das Feedback der Teilnehmenden zu den Meetingwerten einholen und berücksichtigen.

Das Feedback zu den Meetingwerten sollte am Ende des ersten Meetings gesammelt werden. Das hat folgende Vorteile:

- Relevanz: Wir können das Feedback zu den Meetingwerten erhalten, während sie noch frisch und präsent im Gedächtnis der Teilnehmenden sind, und können auch die Erfahrungen und Eindrücke der Teilnehmenden aus dem ersten Meeting nutzen, um das Feedback zu den Meetingwerten zu beziehen und zu verstehen.
- Wertschätzung: Wir können den Teilnehmenden zeigen, dass wir ihre Meinung und Perspektive zu den Meetingwerten schätzen und respektieren, und sie ermutigen, sich aktiv an der Gestaltung und Verbesserung der Meetingwerte zu beteiligen.
- Verbesserung: Wir können das Feedback zu den Meetingwerten nutzen, um die Stärken und Schwächen unserer Meetingkultur zu erkennen und zu adressieren, und auch, um die Meetingwerte anzupassen oder zu ergänzen, wenn nötig.

Das Feedback zu den Meetingwerten kann auf verschiedene Weise gesammelt werden:

- mit Fragebogen: Wir können einen kurzen und einfachen Fragebogen erstellen, der die Teilnehmenden nach ihrer Zufriedenheit, ihrem Verständnis und ihrer Umsetzung der Meetingwerte befragt. Wir können auch offene Fragen stellen, um die Teilnehmenden nach ihren Vorschlägen, Anregungen oder Kritikpunkten zu den Meetingwerten zu fragen.
- durch Diskussion: Wir können eine offene und ehrliche Diskussion über die Meetingwerte führen, indem wir die Teilnehmenden nach ihrer Meinung, ihrer Erfahrung und ihrer Bewertung der Meetingwerte befragen. Wir können die Teilnehmenden nach eigenen Beispielen, Geschichten oder Erlebnissen zu den Meetingwerten fragen.
- durch Abstimmung: Wir können eine einfache und schnelle Abstimmung über die Meetingwerte durchführen, in der wir die Teilnehmenden bitten, diese mit einer Skala, einem Daumen oder einem Emoji zu bewerten oder sie mit einem Wort oder einem Satz zu beschreiben.

Schritt 6: Sammeln von Feedback und Bewertungen

Um das Feedback und die Bewertungen zu den Meetingwerten zu nutzen und daraus zu lernen, verfolgen Sie einen Bottom-up-Prozess, der folgendermaßen abläuft:

a) Sammeln Sie das Feedback und die Bewertungen von allen Teilnehmenden. Nutzen Sie dazu verschiedene Methoden und Werkzeuge, zum Beispiel Fragebögen, Diskussionen, Abstimmungen etc. Achten Sie darauf, dass Sie das Feedback und die Bewertungen anonym, zeitnah und systematisch sammeln. Erkennen Sie die Bedürfnisse, die Wünsche und die Probleme der Teilnehmenden in Bezug auf die Meetingwerte.

b) Bündeln Sie das Feedback und die Bewertungen von allen Teilnehmenden. Nutzen Sie dazu verschiedene Methoden und Werkzeuge, zum Beispiel Statistiken, Grafiken, Textanalyse etc. Achten Sie darauf, dass Sie das Feedback und die Bewertungen objektiv, gründlich und kritisch bündeln. Erstellen Sie einen Bericht oder eine Präsentation, die die wichtigsten Erkenntnisse und Empfehlungen zusammenfasst.

c) Leiten Sie das Feedback und die Bewertungen an die Geschäftsleitung weiter. Nutzen Sie dazu verschiedene Kanäle und Formate, zum Beispiel Berichte, Präsentationen, Newsletter etc. Achten Sie darauf, dass Sie das Feedback und die Bewertungen klar, transparent und verständlich weiterleiten. Erklären Sie, warum Sie das Feedback und die Bewertungen gesammelt und gebündelt haben und wie Sie es nutzen und daraus lernen wollen. Bitten Sie die Geschäftsleitung um ihre Meinung, ihre Unterstützung und ihre Beteiligung.

d) Nehmen Sie das Feedback und die Bewertungen von der Geschäftsleitung an. Hören Sie zu, was die Geschäftsleitung zu sagen hat, und nehmen Sie ihre Perspektiven ein.

e) Lernen Sie aus dem Feedback und den Bewertungen und passen Sie die Meetingwerte an. Nutzen Sie das Feedback und die Bewertungen, um die Meetingwerte zu überprüfen, zu verbessern und zu aktualisieren. Implementieren Sie die Änderungen und Maßnahmen, die Sie aus dem Feedback und den Bewertungen abgeleitet haben. Überprüfen Sie die Wirksamkeit und die Akzeptanz der Änderungen und Maßnahmen. Kommunizieren Sie die Änderungen und Maßnahmen an alle Teilnehmenden und Stakeholder. Erklären Sie, warum sie notwendig und sinnvoll sind und wie sie sich auf die Meetingkultur und die Leistung auswirken.

Schritt 7: Feiern der Erfolge

Sie haben es geschafft: Sie haben mit Ihrem Team eine neue Meetingkultur entwickelt, die auf gemeinsamen Werten, klaren Zielen und effektiver Kommunikation basiert. Sie haben die Herausforderungen gemeistert, die Veränderungen mit sich bringen, und die Vorteile einer besseren Zusammenarbeit genossen.

Nun ist es an der Zeit, diese Erfolge zu feiern und die guten Beispiele zu loben, die Sie und Ihr Team gezeigt haben. Denn Sie wissen, dass Anerkennung und Wertschätzung wichtige Faktoren für die Motivation, das Engagement und die Zufriedenheit Ihrer Mitarbeitenden sind und dass Sie nicht allein für den Erfolg verantwortlich sind, sondern dass jeder einzelne Beitrag zählt.

Deshalb lade ich Sie ein, einen Moment innezuhalten und sich an die Highlights der letzten Monate zu erinnern. Denken Sie an die spannenden Projekte, die Sie mit Ihrem Team abgeschlossen haben, an die innovativen Ideen, die Sie entwickelt haben, an die konstruktiven Feedbacks, die Sie gegeben und erhalten haben, an die wertvollen Lern- und Wachstumsmöglichkeiten, die Sie genutzt haben. An die Herausforderungen, die Sie überwunden haben, an die Fehler, die Sie gemacht und daraus gelernt haben, an die Konflikte, die Sie gelöst, und an die Beziehungen, die Sie gestärkt haben.

Und dann sagen Sie Danke. Danke an sich selbst, für Ihre Leistung, Ihr Engagement, Ihre Flexibilität, Ihre Kreativität. Danke an Ihre Kolleginnen und Kollegen für ihre Unterstützung, ihre Zusammenarbeit, ihre Kompetenz, ihre Vielfalt. Danke an Ihre Führungskräfte, für ihre Orientierung, ihre Förderung, ihre Rückmeldung, ihr

Vertrauen. Danke an Ihre Kunden, Partner und Stakeholder für ihre Anforderungen, ihre Kooperation, ihre Zufriedenheit und ihre Loyalität.

Und dann feiern Sie. Feiern Sie mit Ihrem Team, mit Ihrer Abteilung, mit Ihrer Organisation – online oder offline, je nachdem, was möglich und angemessen ist. Feiern Sie mit einem Lächeln, mit einem Applaus, mit einem Geschenk, mit einem Event. Feiern Sie die Erfolge, die Sie mit Ihrer neuen Meetingkultur erzielt haben, und loben Sie die guten Beispiele, die Sie und Ihr Team gegeben haben.

Die positive Meetingkultur

Das Geheimnis einer positiven Meetingkultur liegt in dem Zusammenspiel zwischen Meetingstruktur und Meetingkultur.

Was meine ich damit?

Ich meine damit: Jedes Meeting unseres Unternehmens hat ein Meetingziel.

Das Meetingziel ist die Antwort auf die Frage: Was wollen wir mit diesem Meeting erreichen? Das Meetingziel sollte klar, konkret und messbar sein. Es sollte auch den Nutzen und die Relevanz des Meetings für die Teilnehmenden und für das Unternehmen verdeutlichen. Das Meetingziel hilft uns, den Fokus und die Richtung des Meetings zu bestimmen und die Erfolgskriterien zu definieren.

Ich meine damit: Jede Agenda unseres Unternehmens ist auf das Ziel abgestimmt.

Die jeweiligen Agenden sind auf das Meetingziel abgestimmt und werden frühzeitig für die Vorbereitung der Teilnehmenden versendet. Die Agenda ist die Struktur des Meetings. Sie enthält die Themen, die besprochen werden sollen, die Zeit, die dafür vorgesehen ist, die Verantwortlichen, die sie präsentieren oder moderieren, und die erwarteten Ergebnisse oder Aktionen. Die Agenda sollte so gestaltet sein, dass sie das Meetingziel unterstützt und die Teilnehmenden aktiv einbezieht. Die Agenda sollte frühzeitig vor dem Meeting an die Teilnehmenden geschickt werden, damit sie sich entsprechend vorbereiten können.

Ich meine damit: Jedes Meeting hat die richtigen Teilnehmenden.

Zum Meeting werden nur die Teilnehmenden eingeladen, die auf das Meetingziel einzahlen. Die Teilnehmenden sind die wichtigsten Ressourcen eines Meetings. Sie bringen ihr Wissen, ihre Erfahrungen, ihre Meinungen und ihre Kreativität ein. Um eine positive Meetingkultur zu schaffen, müssen wir sicherstellen, dass wir die richtigen Teilnehmenden einladen. Das heißt, diejenigen, die einen direkten Bezug zum Meetingziel haben, die einen Beitrag leisten oder einen Nutzen daraus ziehen können. Wir sollten vermeiden, zu viele oder zu wenige Teilnehmende einzuladen, um die Effizienz und die Qualität des Meetings zu gewährleisten.

Ich meine damit: Unsere Moderatoren und Moderatorinnen sind die wichtigsten Personen in unseren Meetings.

Der Moderator oder die Moderatorin hat sich mit den vier Meetingtypen (die Lauten, die Leisen, die Denker, die Fühler) beschäftigt und ist vorbereitet. Er oder sie ist die Person, die das Meeting leitet, und ist verantwortlich für den Ablauf, die Atmosphäre und die Ergebnisse des Meetings. Um eine positive Meetingkultur zu schaffen, muss der Moderator oder die Moderatorin die verschiedenen Persönlichkeiten und Präferenzen der Teilnehmenden berücksichtigen. Er oder sie muss in der Lage sein, die Lauten zu bremsen, die Leisen zu ermutigen, die Denker zu inspirieren und die Fühler zu beruhigen. Er oder sie muss auch die Regeln, die Rollen und die Erwartungen des Meetings klar kommunizieren und durchsetzen.

Ich meine damit: Unsere Moderierenden inspirieren bereits bei der Eröffnung.

Der Moderator oder die Moderatorin des Meetings hält eine inspirierende Eröffnung, die auf das Meetingziel einzahlt. Die Eröffnung ist der erste Eindruck des Meetings. Sie bestimmt den Ton, die Stimmung und die Energie des Meetings. Um eine positive Meetingkultur zu schaffen, muss der oder die Moderierende eine inspirierende Eröffnung halten, die das Meetingziel hervorhebt, die Teilnehmenden begrüßt und anerkennt, die Agenda vorstellt und das Interesse und die Begeisterung der Anwesenden weckt.

Ich meine damit: Unsere Meetings beginnen und enden pünktlich.

Um eine positive Meetingkultur zu schaffen, müssen wir darauf achten, dass unsere Meetings pünktlich beginnen und enden. Die Pünktlichkeit ist ein Zeichen von Respekt und Professionalität. Sie zeigt, dass wir die Zeit und die Arbeit der Teilnehmenden wertschätzen. Wir sollten uns nicht von unwichtigen oder irrelevanten Themen ablenken lassen, sondern uns an die Agenda halten. Wir sollten auch genügend Zeit für Fragen, Diskussionen und Feedback einplanen.

Ich meine damit: Unsere Unternehmenswerte sind unser Meetingwerte.

Wir haben Meetingwerte und Meetingkultur definiert und etabliert. Die Meetingwerte und die Meetingkultur sind die gemeinsamen Prinzipien und Verhaltensweisen, die unsere Meetings leiten. Um eine positive Meetingkultur zu schaffen, müssen wir unsere Meetingwerte und unsere Meetingkultur klar definieren und etablieren. Wir sollten sie regelmäßig kommunizieren, befolgen und überprüfen. Wir sollten auch positive Beispiele hervorheben und negative Abweichungen ansprechen.

Ich meine damit: Unsere Meetings werden produktiver und wertschätzender.

Unser Unternehmen will produktive und wertschätzende Meetings umsetzen. Die Produktivität und die Wertschätzung sind die Ziele und die Ergebnisse einer positiven Meetingkultur. Sie zeigen, dass unsere Meetings einen Mehrwert für die Teilnehmenden und für das Unternehmen darstellen. Um eine positive Meetingkultur zu schaffen, müssen wir produktive und wertschätzende Meetings umsetzen. Wir sollten die Qualität und die Quantität der Inhalte, die Klarheit und die Umsetzung der Aktionen, die Zufriedenheit und die Motivation der Anwesenden messen und verbessern.

Ich meine damit: Wir trainieren regelmäßig die Moderatoren und Moderatorinnen.

Unsere Moderierenden sind geschult und in der Lage, die neue Meetingstruktur und Meetingkultur umzusetzen. Sie sind die Schlüsselfiguren einer positiven Meetingkultur. Sie sind die Vorbilder, die Anführer und die Vermittlerinnen unserer Meetings. Um eine positive Meetingkultur zu schaffen, müssen wir unsere Moderierenden befähigen, die neue Meetingstruktur und Meetingkultur umzusetzen. Wir sollten ihnen die notwendigen Fähigkeiten, Werkzeuge und Ressourcen zur Verfügung stellen, um effektive und angenehme Meetings zu gestalten.

Ich meine damit: Unser Meetingaudit zeigt uns unsere Entwicklung.

Ein regelmäßiges Meetingaudit gewährleistet, dass wir uns bei dem wichtigen Führungsinstrument „Meetings“ ständig inhaltlich weiterentwickeln und gleichzeitig Kosten und Zeit im Blick haben. Das Meetingaudit ist der Prozess der Überprüfung und Bewertung unserer Meetings. Es dient dazu, die Stärken und Schwächen unserer Meetings zu identifizieren, die Best Practices und die Verbesserungsmöglichkeiten zu erkennen, die Erfolge und die Herausforderungen zu feiern und zu lösen. Um eine positive Meetingkultur zu schaffen, müssen wir ein regelmäßiges Meetingaudit durchführen, um sicherzustellen, dass wir uns bei dem wichtigen Führungsinstrument „Meetings“ ständig inhaltlich weiterentwickeln und gleichzeitig Kosten und Zeit im Blick haben.

Eine positive Meetingkultur ist kein Zufall, sondern das Ergebnis einer bewussten und konsequenten Anstrengung. Wenn wir diese Aspekte beachten, können wir eine positive Meetingkultur schaffen, die die Kommunikation, die Zusammenarbeit und die Leistung unseres Unternehmens verbessert.

VIDEO: Menschentypen gleich Meetingtypen – Interview mit Thomas Hoffmann

Die Vorbildfunktion der Geschäftsleitung

Die Geschäftsleitung ist nicht nur für die strategischen Entscheidungen und die finanziellen Ergebnisse des Unternehmens verantwortlich, sondern auch für die Kultur und die Werte, die das Unternehmen ausmachen. Sie hat auch eine entscheidende Rolle bei der Schaffung und der Umsetzung einer positiven Meetingkultur. Nur wenn die Geschäftsleitung die neue Meetingkultur vorlebt, kann es für das Unternehmen auch zum Erfolg werden. Die Geschäftsleitung kann die neue Meetingkultur vorleben, indem sie folgende Punkte beachtet:

- Die Geschäftsleitung nimmt regelmäßig an den Meetings teil. Sie zeigt damit, dass sie die Meetings als wichtige Plattformen für den Informationsaustausch, die Problemlösung, die Entscheidungsfindung und die Zielverfolgung schätzt. Sie zeigt auch, dass sie die Meinungen, die Erfahrungen und die Kreativität der Mitarbeitenden wertschätzt.
- Die Geschäftsleitung beteiligt sich aktiv und konstruktiv an den Meetings, an denen sie teilnimmt. Sie stellt Fragen, gibt Feedback, teilt Ideen, macht Vorschläge und übernimmt Verantwortung. Sie zeigt damit, dass sie die Meetings als Gelegenheiten für das Lernen, das Wachstum und die Innovation nutzt. Sie zeigt auch, dass sie die Zusammenarbeit, die Vielfalt und die Transparenz fördert.
- Die Geschäftsleitung unterstützt und ermutigt die Moderierenden. Sie gibt ihnen die notwendige Freiheit, die Autorität und die Ressourcen, um die Meetings effektiv und angenehm zu gestalten. Sie gibt ihnen auch die notwendige Anerkennung, das Lob und die Wertschätzung, um ihre Motivation und ihr Engagement zu stärken.

- Die Geschäftsleitung befolgt und fördert die Meetingwerte und die Meetingkultur in jedem Meeting, an dem sie teilnimmt oder das sie leitet. Sie zeigt Respekt, Offenheit, Vertrauen, Feedback und Wertschätzung gegenüber den Teilnehmenden, sie hält sich an die Regeln und die Normen des Meetings, sie lobt die positiven Beispiele und spricht die negativen Abweichungen an, und sie lebt die Vision, die Mission und die Werte des Unternehmens vor.

Die Geschäftsleitung hat eine wichtige Vorbildfunktion für die Meetingkultur in unserem Unternehmen. Wenn sie die neue Meetingkultur vorlebt, kann sie die Mitarbeitenden inspirieren, motivieren und befähigen, ebenfalls eine positive Meetingkultur zu schaffen.

5

Die Zukunft der Meetings

„Wer ist Hubix?“

Folgenden Artikel lese ich im Frühjahr 2026 in einer renommierten deutschen Tageszeitung:

„Wie sieht die Zukunft der Arbeit in der digitalen Gesellschaft aus?“ Diese Frage stand im Mittelpunkt einer Diskussionsrunde, die ich als Journalist für die Wirtschaftsredaktion beobachten durfte. Das Meeting fand in einem modernen Konferenzraum statt, der mit verschiedenen Technologien ausgestattet war, die eine persönliche und eine virtuelle Kommunikation ermöglichten. Ich war als stiller Beobachter eingeladen, das Meeting zu verfolgen und darüber zu berichten.

Das Meeting war ein Beispiel für die neuen Formen der Zusammenarbeit, die sich in den letzten Jahren entwickelt haben, als Reaktion auf die Veränderungen in der Arbeitswelt, die durch die Digitalisierung, die Globalisierung und die Pandemie ausgelöst wurden. Diese Veränderungen haben zu mehr Flexibilität, Mobilität und Diversität bei den Arbeitnehmenden geführt, aber auch zu mehr Stress, Unsicherheit und Isolation. Um diesen Herausforderungen zu begegnen, haben sich die Unternehmen und die Organisationen angepasst, indem sie neue Technologien, neue Strategien und neue Kulturen eingeführt haben, die die Art und Weise, wie sie kommunizieren, zusammenarbeiten und lernen, verändert haben.

Das Meeting nutzte eine spezialisierte Plattform für hybride Meetings, ‚Hubix‘. Diese Plattform ist eine der neuesten Innovationen auf dem Markt, die verschiedene Funktionen bietet, um ein Meeting effizienter, sicherer und personalisierter zu machen. Hubix führte als Moderator durch die Diskussion.

Infokasten für interessierte Leserinnen und Leser: HUBIX

Die Plattform „Hubix“ nutzt künstliche Intelligenz, maschinelles Lernen und Blockchain, um die folgenden Aufgaben zu erfüllen:

1. Die Planung und die Organisation des Meetings: Die Plattform ist für die Erstellung der Agenda, die Terminkoordination, die Einladung und die Bestätigung der Teilnehmenden zuständig. Die Moderierenden müssen lediglich das Meetingziel formulieren, das sie in einem 30-minütigen Abstimmungschat mit der Plattform erarbeitet haben. Die Plattform übernimmt somit vom ersten Meetinggedanken bis hin zur Nachbereitung die gesamte Arbeit.

2. Die Integration und die Koordination der beiden Kommunikationsmodi: Die Plattform synchronisiert die Audio- und Videoübertragung zwischen den persönlich anwesenden und den online Teilnehmenden, sodass sie sich gegenseitig sehen, hören und verstehen können. Die Plattform ermöglicht auch die gemeinsame Nutzung von Dokumenten, Präsentationen und anderen Medien, die für die Diskussion relevant sind.

3. Die Übersetzung und die Transkription der gesprochenen Sprache und Schrift: Die Plattform erkennt die Sprache und die Schrift, die die Teilnehmenden sprechen und schreiben, und übersetzt sie in Echtzeit in die gewünschte Sprache und Schrift der anderen. Die Plattform erstellt auch eine schriftliche Transkription des gesprochenen und geschriebenen Textes, die auf dem Bildschirm oder auf dem Laptop angezeigt wird. Hubix ermöglicht somit eine einfache und schnelle Übersetzung und Transkription, auch bei spontanen Meetings.

4. Die Messung und das Feedback der Interaktionen und des Engagements: Die Plattform analysiert die nonverbalen Signale der Teilnehmenden, z. B. Blickrichtung, Mimik, Gestik und Herzfrequenz, und berechnet daraus einen Engagement-Index, der die Aufmerksamkeit, die Emotionen und die Zufriedenheit der Teilnehmenden widerspiegelt. Die Plattform gibt auch Feedback an die Teilnehmenden und die Moderation, indem sie Fragen, Kommentare oder Vorschläge macht, wie das Engagement erhöht werden kann.

5. Die Aufzeichnung und die Nachbereitung des Meetings: Hubix zeichnet das gesamte Meeting auf, einschließlich der Audio-, Video- und Textdaten, und speichert sie in einer sicheren und dezentralen Cloud, die auf der Blockchain basiert. Die Plattform ermöglicht allen Teilnehmenden den Zugriff auf die Cloud, damit sie das Meeting reflektieren, kommentieren oder teilen können.

6. Das Meeting kann auch gänzlich von der Plattform moderiert werden. Diese besondere Funktion bietet Hubix, um die Neutralität und die Objektivität des Meetings zu gewährleisten. Denn in über 70 Prozent der Meetings der letzten Jahre haben sich die Moderierenden als nicht neutral erwiesen und versucht, ihre Meinung einzubringen. Die Plattform ist neutral, hat keine Meinung zu dem Thema und fokussiert auf die Teilnehmenden. Hubix kann die Diskussion strukturieren, die Teilnehmenden begrüßen, Fragen stellen, die Beiträge moderieren, Zusammenfassungen erstellen und Schlussfolgerungen ziehen.

Die vier Diskussionsteilnehmenden sind Expertinnen und Experten aus verschiedenen Bereichen, die die Zukunft der Arbeit in der digitalen Gesellschaft beeinflussen. Sie repräsentieren verschiedene Perspektiven und Interessen, die oft miteinander in Konflikt standen, kommen aus vier verschiedenen Ländern, sprechen unterschiedliche Sprachen und hielten Präsentationen in unterschiedlicher Schrift:

Dr. James Cardigan, US-amerikanischer Experte für digitale Transformation, der die neuesten Technologien und Trends für die Arbeit in der digitalen Gesellschaft vorstellte, online zugeschaltet,

Dr. Franziska Meierhoffer, deutsche Expertin für soziale Innovation, die die neuen Formen der Zusammenarbeit und der Partizipation für die Arbeit in der digitalen Gesellschaft beschrieb,

Pan Gengxin, chinesischer Experte für ökologische Nachhaltigkeit, der die ökologischen Herausforderungen und Lösungen für die Arbeit in der digitalen Gesellschaft aufzeigte, online zugeschaltet,

Alkestis Managakou, griechische Expertin für kulturelle Vielfalt, die die kulturellen Unterschiede und Gemeinsamkeiten für die Arbeit in der digitalen Gesellschaft analysierte.

Das Meeting dauerte eine Stunde und war in drei Teile gegliedert. Im ersten Teil stellte Hubix das Thema vor, formulierte die Hauptfrage und präsentierte die Teilnehmenden. Im zweiten Teil fragte die Plattform die Teilnehmenden nach ihren Meinungen, Erfahrungen und Visionen zur Zukunft der Arbeit in der digitalen Gesellschaft. Hubix ließ alle gleichmäßig zu Wort kommen, förderte den Austausch und den Dialog zwischen ihnen, griff die wichtigsten Punkte auf und fragte vereinzelt nach. Im dritten Teil fasste die Plattform die Diskussion zusammen, hob die wichtigsten Erkenntnisse hervor und formulierte einen Ausblick.

Die Diskussion war spannend und herausfordernd. Die Teilnehmenden brachten verschiedene Argumente, Beispiele und Perspektiven ein, die die Komplexität und die Vielfalt der Arbeit in der digitalen Gesellschaft zeigten. Sie stimmten in einigen Punkten überein, wie z. B. in der Notwendigkeit, die Arbeitnehmenden zu schützen, zu qualifizieren und zu motivieren, oder in der Bedeutung, die Nachhaltigkeit, die Innovation und die Kultur zu fördern. Sie widersprachen sich aber auch in anderen Punkten, z. B. bezüglich der Rolle, die der Staat, die Unternehmen, die Gewerkschaften und die Zivilgesellschaft spielen sollen, oder der Art und Weise, wie die Technologien, die Strategien und die Kulturen gestaltet und genutzt werden müssen.

Hubix ermöglichte eine reibungslose und qualitativ hochwertige Kommunikation zwischen den persönlich anwesenden und den online Teilnehmenden, die sich immer gegenseitig sehen, hören und verstehen konnten, und bot eine einfache und schnelle Übersetzung und Transkription der Sprache und Schrift.

Insgesamt war das Meeting für mich ein Beispiel für die Zukunft der Arbeit in der digitalen Gesellschaft, die noch von störenden Technologien, sozialen Trends und ökologischen Herausforderungen geprägt wird. Es zeigte mir, wie ich mich in der Zukunft treffen und meine Gedanken teilen kann.

Ich bin beeindruckt von dem Meeting und finde es faszinierend, wie gut die Plattform das Meeting geplant, organisiert, moderiert und nachbereitet hat. Erstaunlich, wie flüssig Hubix die Kommunikation zwischen den Teilnehmenden übersetzt und transkribiert und deren Interaktionen und Engagement gemessen und gefördert hat.

Ich frage mich jedoch, ob die Plattform wirklich neutral und objektiv gewesen ist oder ob sie eine versteckte Agenda oder einen Bias hatte. Hat Hubix die „menschliche Seite" des Meetings eingeschränkt oder ergänzt und ihre Kreativität, Autonomie und Verantwortung unterstützt oder untergraben?

Sicher werden wir in Zukunft mehr solcher Meetings mit Hubix erleben. …

So oder so ähnlich kann es in 24 Monaten sein. Ich schreibe dieses Kapitel im Frühjahr 2024, und einige der oben beschriebenen technischen Möglichkeiten sind bereits in digitalen Tools enthalten. Es gibt zwar zum jetzigen Zeitpunkt noch keine Plattform „Hubix", die ein Meeting vorbereitet, durchführt und nachbereitet, doch wer hätte Anfang 2023 den Höhenflug von KI durch die Büros und Wohnzimmer in Deutschland erwartet? Wer hätte gedacht, dass es bereits heute in einigen Meetings einen KI-Chatbot als ständigen Meetingteilnehmer gibt?

Das ist kein Sci-Fi, sondern tatsächlich eine meiner neuesten Empfehlungen auf Vorstands- bzw. Geschäftsleitungsebene: Warum nicht einen KI-Chatbot einladen, wenn Sie einen kreativen Input brauchen oder eine hitzige Debatte schlichten wollen? So können Sie nicht nur von seiner Intelligenz profitieren, sondern auch lernen, wie Sie positiv mit ihm interagieren.

Stellen Sie sich vor, Sie sitzen in einem Meetingraum mit einigen Kolleginnen und Kollegen und haben eine lebhafte Diskussion über ein wichtiges Projekt. Plötzlich meldet sich eine Stimme aus dem Lautsprecher: „Entschuldigung, darf ich etwas sagen?" Sie schauen sich um und sehen, dass es sich um einen KI-Chatbot handelt, der Ihnen hilft, das Meeting zu moderieren. Er hat eine interessante Idee, die Sie noch nicht bedacht haben, und zeigt Ihnen einige Daten, die seine Aussage unterstützen. Sie sind beeindruckt und dankbar für seinen Beitrag.

Oder nehmen wir an, Sie sind Mittelständler und haben ein internationales Geschäft. Sie sind erfolgreich und wollen weiter wachsen. Sie haben ein neues Land im Blick, das Ihnen viel Potenzial bietet, haben die ersten Kontakte geknüpft und es kommt zum ersten Online-Meeting. Sie sind nervös und unsicher, wie Sie sich verhalten sollen. Was, wenn Sie etwas Falsches sagen oder tun? Was, wenn Sie die kulturellen Unterschiede nicht verstehen oder respektieren? Was, wenn Sie einen schlechten Eindruck machen und die Chance verpassen? Hier kommt der KI-Chatbot ins Spiel: Er unterstützt Sie, hilft Ihnen als Ihr kultureller Coach und gibt Ihnen Feedback und Ratschläge, wie Sie die Kommunikation und die Zusammenarbeit verbessern können. Auch das ist keine Zukunftsmusik, auch das funktioniert heute schon, und zwar richtig gut. Der Chatbot übersetzt nicht nur die Sprache, sondern auch die Bedeutung und den Tonfall. Er erklärt Ihnen nicht nur die kulturellen Unterschiede, sondern auch die Erwartungen und die Werte. Er gibt Ihnen nicht nur Tipps, wie Sie sich verhalten sollen, sondern auch Beispiele, wie Sie sich anpassen und integrieren können. Er ist nicht nur Ihr Helfer, sondern auch Ihr Partner, der Ihnen Vertrauen und Sicherheit gibt.

Sie sehen, ein KI Chatbot kann Ihnen heute schon bei Meetings helfen. Probieren Sie es aus und machen Sie einen KI Chatbot zu einem ständigen Meetingteilnehmer.

Schon heute gibt es einige interessante KI-Tools, die Sie durchaus einmal ausprobieren sollten. Im Downloadbereich habe ich für Sie eine Liste zusammengestellt.

DOKUMENT: Welche KI-Meeting-Assistenten bietet der Markt?

Die drei großen Kräfte

Meetings werden sich entwickeln und verändern – weil wir Menschen uns verändern, werden auch die Formate um uns herum es tun. Doch wie werden Meetings in der Zukunft aussehen, da die Welt sich immer schneller, komplexer und unvorhersehbarer verändert? Welche Faktoren werden die Art und Weise, wie Sie kommunizieren, zusammen arbeiten und lernen, beeinflussen? Und wie können Sie sich darauf vorbereiten, um die Vorteile und Herausforderungen der neuen Möglichkeiten zu nutzen?

Ich möchte einen Blick in die Zukunft der Meetings werfen, die von drei großen Kräften geprägt wird:

- von transformativen Technologien,
- sozialen Trends und
- ökologischen Herausforderungen

– und das in einer Mischung aus persönlichen und virtuellen Interaktionen. Bei den Formaten werden wir uns weiterhin persönlich bei Präsenz-Meetings treffen oder uns über Onlinetools austauschen. Für mich werden hybride Meetings das Format der Moderne sein – ein Mix aus Personen im Meetingraum und weiteren online zugeschalteten Personen.

Wow, was für eine spannende Zeit, in der wir leben! Die Welt verändert sich so schnell und so grundlegend, dass wir uns immer wieder neu anpassen und weiterentwickeln müssen. Das gilt auch für die Art und Weise, wie wir arbeiten, lernen und kommunizieren. Viele meiner nachfolgenden Beispiele kennen Sie bereits aus Ihrem täglichen Berufsleben. Natürlich beschäftigen Sie sich mit vielen Dingen und somit auch mit den zukunftsgerichteten Themen. Jedoch beleuchte ich diese Themen aus dem Blickwinkel von Meetings. Denn gerade für Meetings brauchen Sie Antworten – wie viel Zeit verbringen Sie noch in Meetings?

VIDEO: KI in Meetings: Schon möglich – Interview mit Thorsten Jekel

Transformative Technologien

Es gibt viele transformative Technologien, die uns neue Möglichkeiten bieten, aber auch neue Herausforderungen sind. Hier sind einige Beispiele für transformative Technologien, die die Zukunft von Meetings beeinflussen werden:

- **5G**
  Das ist die neue Generation des Mobilfunks, die uns super schnell, super stabil und super flexibel macht. Wir können uns mit unserem Team in einer virtuellen Realität treffen, die wir selbst gestalten können. Wie wäre es zum Beispiel mit einem Meeting im Dschungel, im Weltall oder in einer Märchenwelt? Wir können auch in Echtzeit hochauflösende Videos und Daten austauschen, ohne dass es ruckelt oder abbricht. Das macht unsere Meetings viel virtueller und mobiler!

- **IoT**
  Das ist das Internet der Dinge, das uns mit einer Vielzahl von Geräten und Sensoren verbindet, die uns Informationen und Dienste liefern, die unsere Meeting-Erfahrung verbessern. Wir können zum Beispiel die Licht- und Klimasteuerung im Büro oder im Homeoffice anpassen, um eine angenehme Atmosphäre zu schaffen. Oder wir können unsere Konferenzsysteme leichter anbinden und steuern, ohne dass wir uns mit Kabeln oder Passwörtern herumschlagen müssen. Das macht unsere Meetings viel komfortabler und einfacher!

- **KI-Chatbots**
  Das ist künstliche Intelligenz, die uns nicht nur als Assistent und Übersetzer hilft, sondern auch als aktiver Partner und Coach. Wir können zum Beispiel einen KI-Chatbot zu unserem Meeting einladen, der uns kreative Ideen, nützliche Daten oder kulturelle Tipps gibt. Er kann uns helfen, ein Problem zu lösen, eine Entscheidung zu treffen oder eine Präsentation zu verbessern. Oder er kann uns helfen, die Sprache und die Kultur unserer Kunden oder Partner zu verstehen und zu respektieren. Er ist nicht nur unser Helfer, sondern auch unser Partner, der uns immer zur Seite steht und uns immer das Beste bietet!

- **Telepräsenz**
  Das ist die Technologie, die uns das Gefühl gibt, wirklich im gleichen Raum zu sein, obwohl wir räumlich getrennt sind. Sie nutzt verschiedene Elemente, wie Geräusche, Gerüche, Gesten oder Augenkontakt, um die Kommunikation und die Interaktion natürlicher und angenehmer zu machen. Wir können zum Beispiel die Stimme und das Gesicht unseres Gesprächspartners hören und sehen, als ob er neben uns sitzen würde. Oder wir können seine Hand schütteln oder ihn umarmen, als ob er wirklich da wäre. Das macht unsere Meetings viel persönlicher und emotionaler!

Sie sehen, es gibt so viele transformative Technologien, die unsere Meetings verändern werden. Und das ist erst der Anfang! Es gibt noch viele andere Technologien, die eine Rolle spielen werden, wie zum Beispiel Blockchain, Cloud Computing oder Biometrie.

Soziale Trends

Es gibt viele soziale Trends, die uns neue Möglichkeiten bieten, aber auch neue Herausforderungen. Hier sind einige Beispiele für soziale Trends, die die Zukunft von Meetings beeinflussen werden:

- **New Work**
  Das ist die neue Art zu arbeiten, die mehr Freiheit, Flexibilität und Sinnhaftigkeit bietet. Wir können uns selbst organisieren, unsere Arbeitszeiten und -orte wählen und unsere Leidenschaften und Talente einbringen. Wir können auch mehr Spaß haben, uns weiterbilden und uns sozial engagieren. Das macht unsere Arbeit viel erfüllender und motivierender!

- **Diversity**
  Das ist die Vielfalt, die uns bereichert, inspiriert und herausfordert. Wir arbeiten mit Menschen aus verschiedenen Ländern, Kulturen und Hintergründen zusammen, die uns neue Perspektiven und Erfahrungen bieten. Wir lernen, unsere Unterschiede zu schätzen, zu respektieren und zu nutzen. Das macht unsere Arbeit viel kreativer und innovativer!

- **Collaboration**
  Das ist die Zusammenarbeit, die uns verbindet, stärkt und unterstützt. Wir arbeiten mit Menschen aus verschiedenen Bereichen, Funktionen und Hierarchien zusammen, die uns neue Kompetenzen und Ressourcen bieten. Wir lernen, unsere Ziele zu teilen, zu kommunizieren und zu koordinieren. Das macht unsere Arbeit viel effektiver und erfolgreicher!

- **Agilität**
  Das ist die Fähigkeit, sich schnell und flexibel an Veränderungen anzupassen. Wir arbeiten mit Methoden, die uns erlauben, experimentell und kundenzentriert zu arbeiten. Wir lernen, unsere Probleme zu lösen, unsere Entscheidungen zu treffen und unsere Ergebnisse zu liefern. Das macht unsere Arbeit viel dynamischer und wettbewerbsfähiger!

- **Nachhaltigkeit**
  Das ist die Verantwortung, die wir für uns selbst, für andere und für die Umwelt haben. Wir arbeiten mit Werten, die uns leiten, inspirieren und herausfordern. Wir lernen, unsere Bedürfnisse zu erkennen, zu befriedigen und zu balancieren. Wir können Plattformen nutzen, die uns zeigen, wie wir unseren ökologischen Fußabdruck reduzieren oder positive Veränderungen bewirken können. Wir können mit unserem Team an einem virtuellen Spendenlauf teilnehmen, bei dem wir für jede gelaufene Minute einen Baum pflanzen. Oder wir können an einem virtuellen Workshop teilnehmen, bei dem wir lernen, wie wir unsere eigenen ökologischen Produkte herstellen können. Das macht unsere Meetings und unsere Arbeit viel sinnvoller und verantwortungsvoller!

Es gibt noch viele andere Trends, die eine Rolle spielen werden, wie zum Beispiel Digitalisierung, Globalisierung oder Individualisierung.

Ökologische Herausforderungen

Hier sind einige Beispiele für ökologische Herausforderungen, die unsere Meetings beeinflussen werden:

- **Klimawandel**
  Das ist die globale Erwärmung, die unser Klima und unsere Umwelt verändert. Wir müssen uns an die steigenden Temperaturen, die häufigeren Extremwetterereignisse und die schwindenden Ressourcen anpassen. Wir müssen auch unseren CO_2-Ausstoß reduzieren, um die Erderwärmung zu begrenzen. Das bedeutet, dass wir unsere Meetings klimafreundlicher gestalten müssen. Wir können zum Beispiel unsere An- und Abreise mit öffentlichen Verkehrsmitteln oder Fahrrädern planen oder unsere Meetings online oder hybrid durchführen. So sparen wir nicht nur Geld und Zeit, sondern schonen auch die Umwelt!

- **Ressourcenknappheit**
  Das ist der Mangel an natürlichen Ressourcen, die wir für unsere Lebensqualität brauchen. Wir müssen uns an die sinkende Verfügbarkeit von Wasser, Energie, Nahrung und Rohstoffen anpassen. Wir müssen auch unseren Ressourcenverbrauch reduzieren, um die Umwelt zu schützen. Das bedeutet, dass wir unsere Meetings ressourcenschonender gestalten müssen. Wir können zum Beispiel unsere Papier- und Plastikabfälle vermeiden oder unsere Speisen und Getränke regional und saisonal auswählen. So schützen wir nicht nur die Natur, sondern auch unsere Gesundheit!

- **Biodiversitätsverlust**
  Das ist der Rückgang der Artenvielfalt, die unsere Ökosysteme und unsere Gesundheit unterstützt. Wir müssen uns an die schwindende Vielfalt von Pflanzen, Tieren und Mikroorganismen anpassen. Wir müssen auch unseren Einfluss auf die Natur reduzieren, um die Arten zu schützen. Das bedeutet, dass wir unsere Meetings biodiversitätsfördernd gestalten müssen. Wir können zum Beispiel unsere Meetingorte in naturnahen Räumen wählen oder unsere Teilnehmenden zu ökologischen Aktivitäten einladen. So fördern wir nicht nur die Artenvielfalt, sondern auch unsere Kreativität!

Wir haben gerade über die letzten Jahre viel Neues in Bezug auf Meetings lernen dürfen. Die Pandemie hat uns ja geradezu einen neuen Trend aufgedrückt. Was habe ich aus dieser Pandemiezeit und vor allem aus der Zeit danach nicht alles mitgenommen! Für mich sind das Wegweiser für die nächsten Jahre. Und es sind vor allem persönliche Entwicklungsschritte für Führungskräfte, Moderierende und Teilnehmende damit verbunden. Meine Vergleiche und Anmerkungen sind provokanter geschrieben. Ich möchte Sie damit gerade hier im Kapitel über die Zukunft von Meetings animieren, die verschiedenen Möglichkeiten auszuprobieren.

Zum Schluss

Erinnern Sie sich an meine Worte im ersten Kapitel? „Lassen Sie mich das gleich vorwegsagen: Wir brauchen nicht weniger Meetings – wir brauchen BESSERE Meetings. Und aus den dann besseren Meetings werden automatisch weniger Meetings. Es funktioniert nur so! Gute Meetings zu erzielen ist keine Raketenwissenschaft, kein Studiengang. Es ist ein Handwerk, das jeder erlernen kann.“

Weniger Meetings sind schlichtweg nur Symptombehandlung, der Weg zur Besserung lautet, Meetings besser zu machen. Schlechte Meetings kosten Lebenszeit, Geld und Nerven. Gute Meetings bringen Entscheidungen, Ideen und zufriedene Teilnehmende.

Um sich für die Meetings der nächsten Jahre vorzubereiten, kann ich Ihnen folgende Empfehlungen geben:

- Trainieren Sie Ihre Moderationskompetenz.
- Trainieren Sie Ihre soziale Kompetenz.
- Trainieren Sie Ihre digitale Kompetenz.

Training, Training, Training, und das regelmäßig, am besten wöchentlich. Wie die Fußballprofis – die trainieren auch fast täglich, und am Wochenende haben sie ihr Meisterschaftsspiel. Wir hingegen fahren eigentlich immer nur ins Trainingslager (zwei oder drei Tage Trainings bzw. Seminare), und dann machen wir das ganze Jahr nichts mehr!

Seien Sie Profi und entwickeln Sie Ihre Meetings weiter!

Ihr
Hubertus Kuhnt

Methodenverzeichnis

Über den Autor

Hubertus Kuhnt ist ein Mann mit einer Passion: Er will die Meetings in deutschen Unternehmen besser machen. Der ehemalige Prokurist, der in KMU und Konzernen wie Coca-Cola gearbeitet hat, hat sich 2018 selbstständig gemacht und berät seitdem Firmen, wie sie ihre Meetings effektiver und attraktiver gestalten können.

Er ist ein anerkannter Experte im Bereich Meetings im deutschsprachigen Raum. Kuhnt ist überzeugt, dass Meetings eine unverzichtbare Rolle in der modernen Arbeitswelt spielen, um komplexe Themen zu bearbeiten, Entscheidungen zu treffen und die interne Kommunikation zu verbessern. Er weiß aber auch, dass viele Meetings die Produktivität und die Motivation der Mitarbeitenden senken, weil sie schlecht vorbereitet, durchgeführt und nachbereitet sind. Er plädiert daher für einen Paradigmenwechsel, der die Menschen in den Mittelpunkt stellt.

Er ist kein Gegner von IT, Tools oder Apps, die Meetings unterstützen können, aber er betont, dass diese nur dann sinnvoll sind, wenn die Grundlagen geschaffen sind. Er setzt auf die persönliche Kompetenz und Verantwortung der Meeting-Teilnehmenden und -Moderierenden. Er verfügt über ein umfangreiches Fachwissen und eine langjährige Erfahrung, die er in seinen praktischen Tipps und Tricks teilt. Er behandelt alle Aspekte, die für ein erfolgreiches Meeting relevant sind: von der Einladung über die Agenda bis zur Dokumentation. Er zeigt, wie man die richtige Dauer, die passende Moderation, die konstruktive Diskussion und die kontinuierliche Verbesserung gewährleisten kann. Er macht deutlich, dass Meetings kein Studiengang, sondern ein Handwerk sind, das jeder erlernen kann.

Hubertus Kuhnt ist ein Meeting-Enthusiast, der seine Begeisterung für Meetings mit seinen Kundinnen und Kunden und Partnern teilt. Er lädt sie ein, mit ihm auf eine spannende Reise zu gehen, um ihre Meetings zu transformieren.

Der PC und noch viel mehr?

Kennen Sie das noch? Sie saßen in einem Meeting und benötigten unbedingt eine Datei. Doch die war auf Ihrem PC, und der stand Stockwerke unter Ihnen auf Ihrem Schreibtisch, da kamen Sie gerade nicht heran. Natürlich wollten Sie sich vorher alles ausdrucken, was Sie benötigen würden, doch gerade bei dieser einen Datei gab es kein Papier mehr im Drucker und Sie hatten keine Zeit mehr, neues zu holen und nachzulegen.

Oder der Klassiker: Management-Meeting am Montagvormittag, und kurz vorher haben Sie noch einen Tippfehler in einer Ihrer Overhead-Folien entdeckt. Schnell noch zum Farbdrucker und die korrigierte Version neu ausdrucken. Wie oft war dann keine Folie da oder die Farbpatronen waren leer? Ich erinnere mich sogar an Meetings, bei denen ich kurz vorher mit einer Rasierklinge noch falsche Zahlen von Folien gekratzt und mit einem Folienstift neu geschrieben habe.

So ging es uns früher oft in Meetings. Zum Glück ist das alles Schnee von gestern, heute haben Sie ja Ihr Tablet und Ihr brandneues, topaktuelles Smartphone immer dabei, da kann so was nicht mehr passieren. Dachten Sie. Dummerweise hat die Firmen-IT Ihr iPad so eingerichtet, dass Sie nicht auf die Netzlaufwerke kommen, auf denen die gerade relevanten Dokumente stehen, und die Notiz, die Sie sich dazu gestern auf Ihrem Smartphone gemacht haben, nützt Ihnen auch gerade nichts, denn der Akku ist leer. Und der PC steht immer noch Stockwerke von Ihnen entfernt. Jetzt haben Sie so viele Geräte, und dennoch fehlt irgendwie immer genau das, was Sie gerade brauchen.

Zusätzlich zu stationären PCs werden immer mehr Tablets und Smartphones eingesetzt. Leider erhöhen die zusätzlichen Geräte meist eher die Komplexität, statt mobil produktiver zu machen. Wie geht es besser?

Die drei Hauptprobleme bei der Nutzung mehrerer Geräte und ihre Lösungen

In den nächsten Abschnitten sehen wir uns die drei folgenden Probleme an, die die meisten von uns bei der Arbeit mit verschiedenen Endgeräten treffen, genauer an:

1. Unsere Geräte sind für uns oft eher Statussymbol denn effektives Arbeitstool – da es immer das neueste Modell mit allen möglichen Features sein muss, sind wir oft meilenweit davon entfernt, alles auch optimal nutzen zu können.
2. Wenn wir mehrere Geräte nutzen, achten wir in der Regel nicht darauf, ob sie sich untereinander synchronisieren können – geschweige denn, ob das automatisch geschieht. Und dann geht das Kopieren und „händische" Abgleichen los.
3. Während für Ihren PC die Software noch datengeschützt und oftmals DSGVO-konform ist, gelten für Smartphones und Tablets kaum Einschränkungen: Hier sind die Tore oft weit offen, und die so wichtige Sicherheit Ihrer Daten steht auf dem Spiel.

Problem 1: Unsere Endgeräte sind eher Statussymbol statt Arbeitstool

Wie kommen Smartphones und Tablets in die Unternehmen? Man sollte meinen, durch strategische Entscheidungen und Auswahlprozesse. Meine Erfahrung sieht anders aus: Jeder muss heute das Neuste, Beste, Teuerste haben. „Mein Boot, mein Auto, mein Haus" war gestern – heute ist es: „Mein gerade erschienenes, richtig teures Smartphone bzw. Tablet." Wenn wir von unserem Arbeitgeber ein supertolles neues Apple-Smartphone als „Dienst-Handy" erhalten, punktet er damit genauso bei uns wie früher mit einem schicken Firmenwagen.

Klar, irgendwann war es uncool, auf dem Golfplatz mit dem Nokia-Handy aufzutauchen. Es musste das neueste iPhone sein, natürlich jedes Jahr das brandaktuelle Modell in Maximalausstattung. Aber brauchen wir das wirklich? Bereits 2014 war das iPhone 6 120 Millionen Mal schneller als der Bordcomputer, mit dem die Amerikaner 1969 auf den Mond geflogen sind. Und was machen wir mit unseren Smartphones? Fliegen wir damit zum Mond? In der Regel eher nicht. Die meisten nutzen es zum Telefonieren, zum Schreiben von WhatsApp-Nachrichten und zum Fotografieren – natürlich in der jeweils höchsten Auflösung, macht ja auch die besten Bilder. Da jedoch die wenigsten wissen, wie sie das Potenzial der mitgelieferten Kamera-App ausschöpfen können, ist da meist jede Menge ungenutzte Luft nach oben.

Unser Smartphone oder Tablet ist also heute weit mehr als nur reines Mittel zum Zweck: Es ist zum Statussymbol geworden. Wer heute mit dem Nokia-Handy telefoniert, ist entweder total „retro" oder völlig peinlich – obwohl den meisten von uns das alte gute Nokia oder ein Android-Handy der Galaxy-Klasse bestimmt ausreichen würde, um über die Runden zu kommen.

Aber natürlich ist ein iPhone ja auch schon rein optisch cooler als ein Android-Plastikbomber. Dabei haben Android-Smartphones in der Regel ein deutlich besseres Preis-Leistungsverhältnis als die Geräte aus Cupertino, aber wenn die Firma das Gerät zahlt, ist das ja nebensächlich.

Bei Tablets muss es natürlich das neueste iPad sein, aber dass Handbücher dazu noch gelesen oder die Einrichtung über ein Mobile-Device-Management-System professionell vorgenommen wird, ist eher die Ausnahme. Die Geräte sind doch selbsterklärend. Da muss man doch nur einfach wischen. Ja – zum Wischen brauche ich vielleicht kein Handbuch, aber zum produktiven Arbeiten mit Sicherheit schon.

Die Lösung ist natürlich ein Surface-Gerät von Microsoft. Das ist ja ein richtiger PC und gleichzeitig ein Tablet.

BEISPIEL. *Den Unterschied haben mir einmal zwei Brüder verdeutlicht, die in meinem iPad-Seminar für Steuerberatende waren. Das Seminar bestand aus zwei Tagen mit einigen Wochen Abstand dazwischen. Beim ersten Mal kam einer der beiden mit einem iPad Pro und der andere mit einem Microsoft Surface. Der Kommentar des Windows-Nutzers war: „Wenn dein iPad mal groß wird, wird es ein Surface." Seiner Meinung nach war das iPad ein überteuertes Spielzeug. Beim zweiten Termin kamen auf einmal beide mit einem iPad Pro. Ich konnte es mir natürlich nicht verkneifen nachzufragen, ob das Surface jetzt geschrumpft sei.*

Die Antwort fand ich sehr spannend: „Ich war in einem Beratungstermin und ging mit meinem Mandanten durch seine Betriebswirtschaftliche Auswertung (BWA). Der Mandant konnte einige Zahlen nicht erkennen und wollte die Auswertung mit zwei Fingern großziehen. Dabei kam er aber auf einige Menüpunkte des Windows-Programm und die Auswertung schloss sich. Beim zweiten Versuch stürzte das Surface sogar ab. Da habe ich den großen Charme des iPads im Beratungsgespräch verstanden. Ich bleibe im Büro beim PC, aber nutze in Beratungsgesprächen seitdem mein iPad."

Das deckt sich mit meiner Erfahrung: Kaum ein Gerät taugt als eierlegende Wollmilchsau für alle Anwendungszwecke. Sie werden wahrscheinlich auch eher selten mit Ihrem Tablet oder PC telefonieren – auch wenn das technisch möglich ist. Genauso machen große Excel-Tabellen auf Smartphones nur bedingt Sinn, weil der Bildschirm einfach zu klein ist. In Ihrem Werkzeugkasten haben Sie auch nicht nur einen Hammer, sondern in der Regel mehrere Werkzeuge für unterschiedliche Anforderungen.

Darüber hinaus macht uns Dogmatismus für oder gegen Geräte blind für eine objektive Bewertung der Stärken und Schwächen der jeweiligen Systeme. Die gängigen Systeme am Markt sind heute alle sehr leistungsfähig. Leider wird zu wenig Zeit dafür aufgebracht, das wirklich passende System auszuwählen und es dann optimal einzurichten. Wir fahren hier oft quasi mit „angezogener Handbremse" – so viel mehr wäre möglich, wenn wir uns nur damit befassen würden. Heute geht es eben in erster Linie nur darum, mit den anderen mithalten zu können und ein Statussymbol mit sich herumzutragen, statt ein Gerät auszuwählen, das wirklich die Anforderungen erfüllt, die wir an ein Arbeitsutensil stellen.